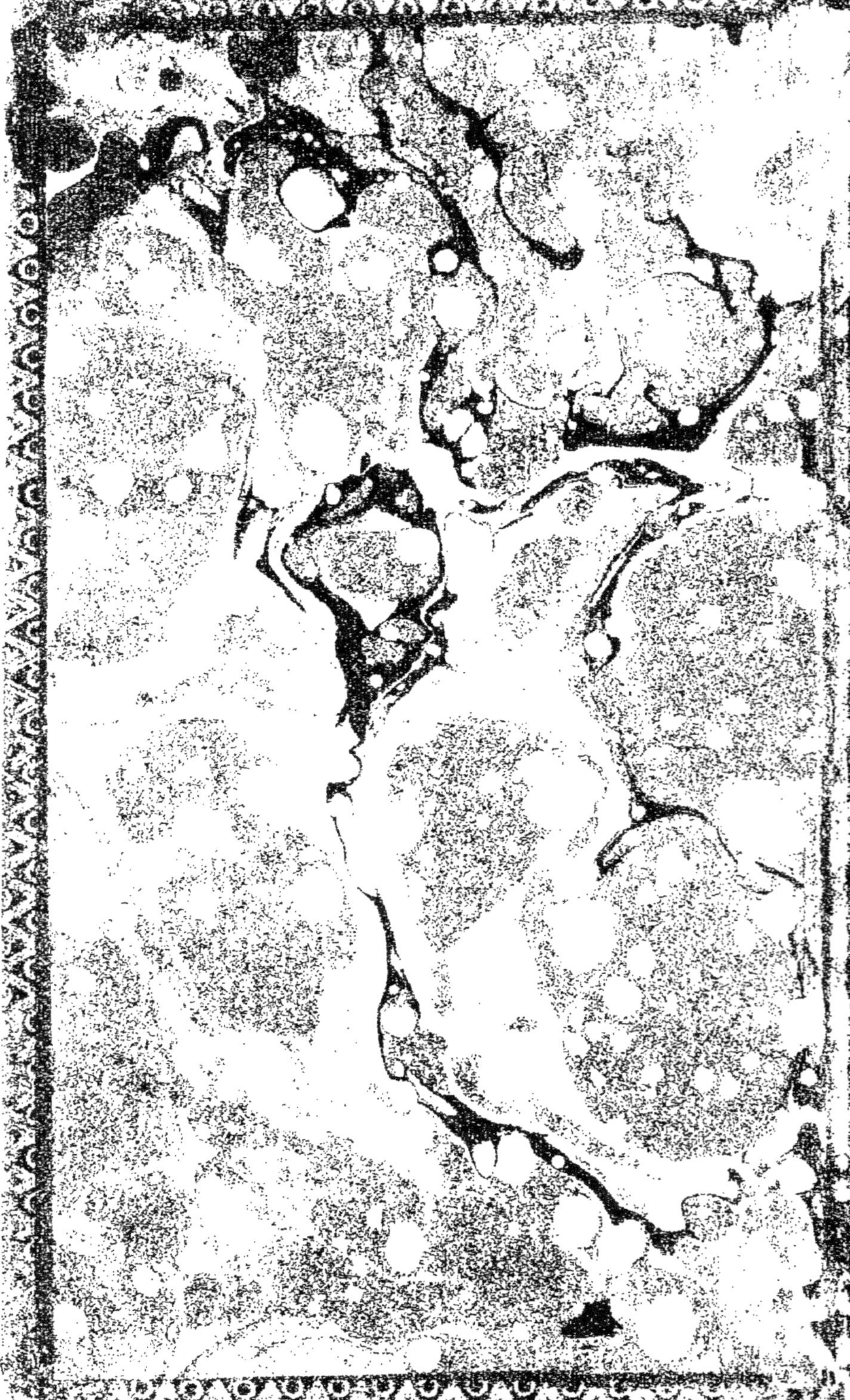

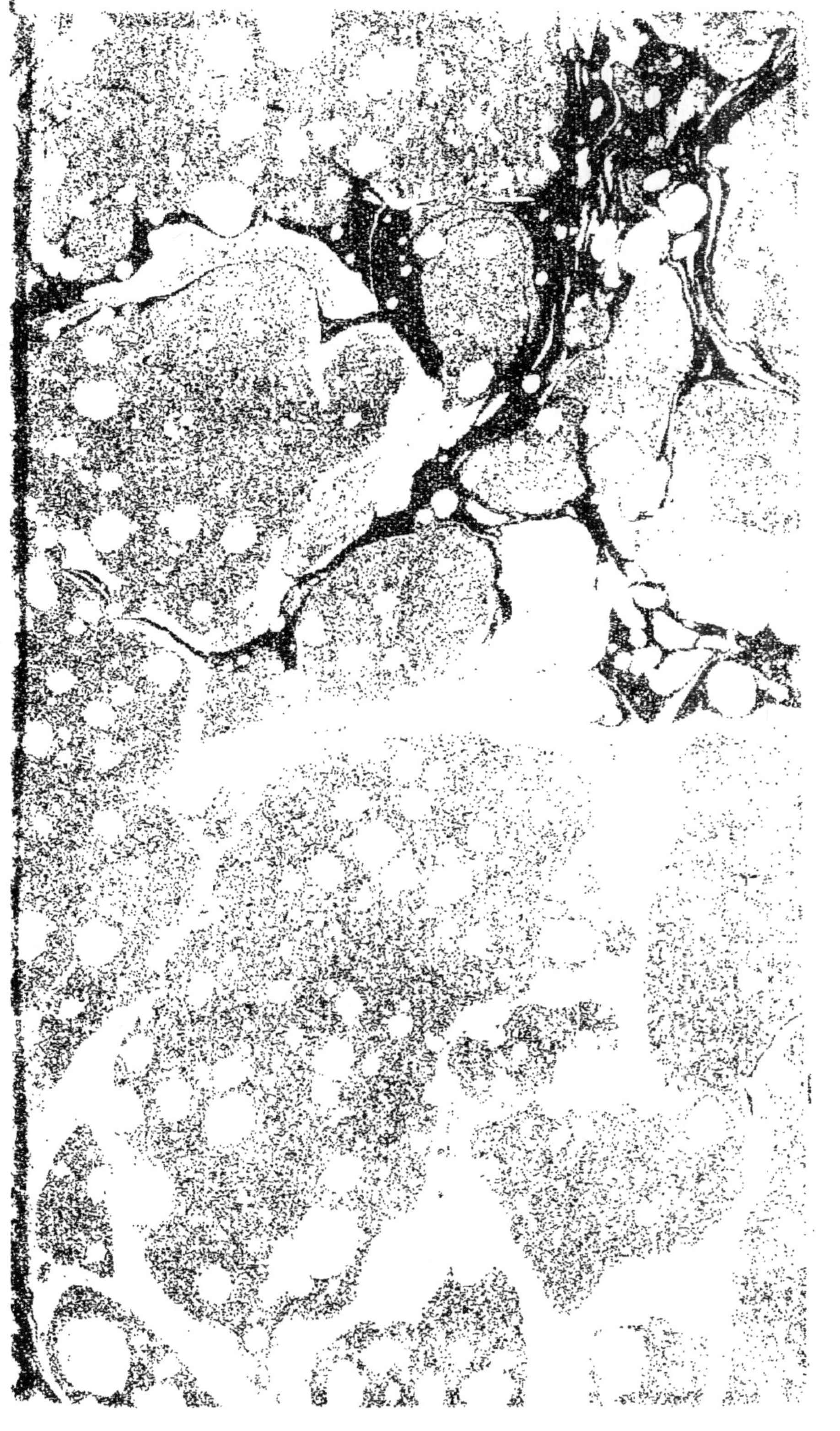

LA MÉNAGERIE

DU MUSÉUM NATIONAL

D'HISTOIRE NATURELLE.

LA MÉNAGERIE
DU MUSÉUM NATIONAL
D'HISTOIRE NATURELLE,

OU

DESCRIPTION ET HISTOIRE
DES ANIMAUX

QUI Y VIVENT ET QUI Y ONT VÉCU;

PAR

Les CC. LACÉPÈDE, CUVIER et GEOFFROY,

Avec des FIGURES peintes, d'après Nature, par MARÉCHAL, Peintre du Muséum,

Gravées, avec l'agrément de l'Administration, par MIGER, Membre de la ci-devant Académie Royale de Peinture.

TOME PREMIER.

A PARIS,

Chez MIGER, Graveur, quai des Miramiones, n°. 106;

Et Ant. Aug. RENOUARD, Libraire, rue Saint-André-des-Arts, n°. 42.

XII — 1804.

A

M. FOURCROI,

Membre de l'Institut national, Conseiller d'État, Directeur général de l'Instruction publique, etc.

MONSIEUR,

Vous avez eu la bonté d'accueillir et de favoriser mon entreprise des gravures des Animaux de la Ménagerie nationale, que j'ai commencée format *in-folio*, avec des descriptions par vos estimables collègues MM. Lacépède, Cuvier et Geoffroi.

Mais, jaloux de concourir aux progrès de la science, je me suis en même tems occupé d'une édition format *in-12* de ce même ouvrage, pour le mettre plus à la portée de la Jeunesse qui se livre à la connoissance de l'Histoire naturelle.

Daignez, Monsieur, recevoir mes remercîmens de la permission que vous m'avez donnée de faire paroître cet ouvrage sous vos auspices. Puisse mon hommage vous être un témoignage public de ma reconnoissance et de mon respect.

MIGER.

INTRODUCTION,

PAR LACÉPÈDE.

L'HISTOIRE ne nous montre aucun peuple parvenu au-delà des premiers degrés de la civilisation, que nous ne voyions parmi les établissements qu'il se plaît à créer, des ménageries élevées autour des demeures des hommes puissants qui le dirigent. Le besoin les a formées. L'orgueil les a étendues.

Lorsqu'une nation entourée d'ennemis dangereux, contrainte de partager son territoire avec des bêtes féroces, ne labourant que peu de champs, et ne rassemblant que peu de troupeaux, a vu des guerres cruelles et des chasses périlleuses se succéder mutuellement et sans intervalle, les chefs ont dû employer la supériorité de l'intelligence humaine, à trouver des auxiliaires utiles parmi les animaux qu'ils avaient domptés. Indépendamment du Chien et du Cheval, les compagnons courageux et fidèles de l'Homme, ils ont, suivant les contrées qu'ils habitaient, dressé pour la chasse ou exercé pour la guerre, le Cormoran, le Faucon, l'Aigle, l'Isatis, l'Once, l'Éléphant; ils les ont retenus, nourris, soignés dans de vastes enceintes : et voilà les premières ménageries, l'ouvrage du besoin.

Bientôt les chefs des peuples ont voulu réunir à la réalité du pouvoir, tous les signes de la prééminence, de la force. Pendant qu'ils élevaient des trophées, qu'ils entassaient les dépouilles des vaincus, qu'ils se couronnaient des palmes du guerrier, ils ont desiré de laisser des souvenirs durables des exploits du chasseur. Dans cette enfance des sociétés, où les destructeurs des monstres recevaient les honneurs du triomphe, comme les vainqueurs des hordes ennemies, ces mêmes chefs conservant les produits de leur chasse, avec autant de soin que les fruits de leurs conquêtes, et aussi glorieux de l'esclavage imposé aux animaux les plus terribles, que des fers donnés aux ennemis les plus redoutables, ont construit à côté des monuments qui rappelaient leurs victoires, de nouvelles ménageries où ils ont renfermé le Lion et le Tigre qu'ils avaient asservis; et l'orgueil, ou, si l'on veut, l'amour de la renommée, a augmenté ce que le besoin avait commencé.

Cependant la puissance des armes, produit l'indépendance de la nation; l'indépendance fait naître l'abondance que suit la prospérité publique. La prospérité, l'abondance, l'indépendance nationale, amènent le loisir. Alors l'imagination libre dans ses mouvements, se développe, s'anime, s'enflâme par l'exercice même de ses forces; la curiosité devient une des grandes causes des actions humaines; elle perfectionne la science; la science, vivifiée par la curiosité, ainsi que la curiosité dirigée par la science, réunissent aux animaux nécessaires pour les victoires, ou qui perpétuent la mémoire des conquêtes, ceux qui, par une suite de la nature de leurs asyles ou de l'éloignement de leur patrie, ne peuvent être recherchés qu'avec peine, et rencontrés que très-peu souvent; et une troisième sorte de ménagerie renferme les animaux rares à côté des animaux auxiliaires et féroces.

Ce n'est que lorsque les progrès de la société ont multiplié les lumières, les arts, l'industrie, les jouissances et les besoins, que l'on peut songer à propager, à familiariser avec divers climats, à perfectionner les espèces utiles pour la nourriture et les vêtements de l'homme, pour les travaux de ses champs, pour ses voyages difficiles et lointains, pour le transport des objets qui lui sont devenus nécessaires. Un intérêt bien entendu, une vertu publique éclairée, consacre alors une quatrième sorte de ménagerie à l'amélioration des troupeaux, des bêtes de somme et de celles de labour. Et c'est ainsi qu'une ménagerie générale se trouve pour ainsi dire successivement établie par le besoin du chasseur-guerrier, l'orgueil du dominateur, la curiosité du savant et le dévouement du citoyen.

Si nous rappelons ces idées, en

suivant dans les traditions des anciens, dans les ouvrages des historiens, et dans les relations des voyageurs, les détails relatifs à l'objet qui nous occupe, nous voyons aux époques les plus reculées des histoires civiles parvenues jusqu'à nous, les princes de l'Orient, nourrir dans des enceintes préparées avec soin, des animaux carnassiers pour leurs chasses, des Éléphants pour leurs combats, des bêtes féroces pour la pompe de leur cour. Cet effet de la nécessité et de l'ostentation qui a subsisté pendant des milliers d'années, dans ces contrées orientales où les institutions, les lois, la religion et le climat ont été combinés de manière à donner aux habitudes la plus grande force, et aux usages la plus longue constance, est encore attesté par ce qu'on a rapporté des Éléphants armés en guerre que les rois de Perse entretenaient à grands frais à l'imitation des orientaux, que Darius conduisit en si grand nombre contre Alexandre, que les lieutenants d'Alexandre adoptèrent d'après les Perses, que les successeurs de ces lieutenants conservèrent, et que le Pyrrhus d'Épire, qui combattit contre les Romains, amena au-delà de l'Adriatique, jusqu'au sein de l'Italie étonnée.

Indépendamment de ces ménageries de la seconde sorte, perpétuées dans l'Orient depuis un temps bien antérieur aux conquêtes d'Alexandre, jusqu'à nos jours; indépendamment

encore de celles de la première sorte,
que l'imitation étendit depuis les rives
du Gange, jusqu'aux bords de la Mé-
diterranée, et à l'époque de cette
même imitation si remarquable, l'a-
mour du vainqueur de Darius, pour
la gloire, et le sentiment qu'il avait
des véritables droits à l'immortalité,
le portèrent à réunir à Babylone, en-
voyer en Grèce, et adresser au premier des naturalistes, les animaux
rares dont l'observation pouvait ac-
croître les richesses de la science. Une
ménagerie de la troisième sorte est
fondée par Alexandre; et l'Histoire
naturelle d'Aristote est le produit de
ce noble établissement.

Du temps de Pline, une ménagerie
semblable fut, pour ainsi dire, élevée,

non pas, à la vérité, par une réunion
entière de toutes les parties nécessaires
à la formation de ce grand tout, mais
par l'existence simultanée, dans la
capitale du monde, de ces parties
isolées, non pas par l'autorité éclairée
d'un chef de l'empire, mais par la
coexistence et les directions analogues
des volontés de plusieurs Romains,
égaux ou supérieurs en richesses, à
des rois; et l'Histoire naturelle de
Pline, fut le fruit de ce concours.

Sous le règne de ce roi des Français, que l'on nomma Louis-le-Grand,
parce que de grands hommes entou-
rèrent son trône, et que tout ce qui
portait le caractère de la grandeur,
convenait à son ame, les conseils pré-

voyants d'une illustre Académie, et
la déférence de Louis, pour ceux qui
disposaient de la renommée, firent
établir, à Versailles, une ménagerie
de la troisième sorte; l'ouvrage de
Perrault dut le jour à cette institution;
elle dura sous le règne de Louis XV;
et ce dernier règne fut l'époque où
parut l'Histoire naturelle écrite par
Buffon.

Les Buffon, les Linné, les Daubenton, donnèrent aux esprits une
impulsion nouvelle vers l'étude de la
nature, vers l'application de cette
étude à l'utilité publique; l'Europe
vit élever par plusieurs nations, des
établissements que l'on pouvait regarder comme des éléments, des por-

tions ou des modèles de ces ménageries de la quatrième sorte, qui n'appartiènent qu'à une civilisation très-
avancée.

A une époque très-récente, les ora-
cles des anciens sages, recueillis par
une érudition civique, et proclamés
par le génie; les maximes des amis
de l'humanité, parées de tous les
charmes d'une sensibilité profonde,
et revêtues de la puissance irrésistible
de l'éloquence, réveillèrent dans des
cœurs généreux, le sentiment des
droits les plus précieux. Bientôt un
concours de circonstances politiques
très-extraordinaires, d'ambitions au-
dacieuses, d'intrigues méprisables, de
mesures mal concertées, et de grands

projets renversés, faisant successivement disparaître lès voiles derrière lesquels se cachaient d'antiques institutions, les phantômes qui en défendaient l'inviolabilité, les illusions qui en consacraient l'existence, la force qui en protégeait la durée, l'intérêt privé qui en soutenait la base, un noble enthousiasme s'empara, avec la rapidité de l'éclair, d'une nation vive, aimante, idolâtre de la gloire; un mot magique retentit depuis l'Escaut jusques aux Pyrénées; et sous le nom de régénération, commença une révolution que les vertus affranchies voulaient diriger vers le bonheur du monde, mais qui, livrée par l'inexpérience du peuple, au délire des passions déchaînées, n'offrit pendant quelque temps, que le tableau d'un bouleversement horrible.

Cette tourmente s'est lentement dissipée. Mais si l'esprit de vertige qui précède la chûte des empires, ne doit pas étendre de nouveaux orages sur l'Europe; si la destinée de la France permet que la justice, la prudence et le génie, conservent, sous l'égide de la victoire, de la paix et de la concorde, le dépôt sacré des idées libérales, l'humanité satisfaite recueillera, du sein des agitations révolutionnaires qui viènent de finir, de grands résultats bien propres à multiplier les progrès de la civilisation.

Lorsque la tempête commença de s'appaiser, tous ceux qui, dans le silence de la retraite, s'efforçaient d'entretenir le flambeau de la science, avertis par une espérance consolatrice, et entrevoyant le calme dont ils jouissent aujourd'hui, redoublèrent leurs efforts pour appliquer au bonheur public, les connaissances humaines délivrées de toute entrave. Ceux qui cultivent l'histoire naturelle, embrassèrent avec ardeur ce généreux dessein; et ils placèrent au rang de leurs entreprises les plus chéries, le perfectionnement des ménageries considérées dans leurs rapports avec l'intérêt public.

Animé par leur exemple, je proposai quelques idées sur ce sujet, bien plus important qu'on ne l'avait cru pendant un grand nombre de siècles (1).

Les illustres collègues dont j'avais le bonheur de partager la sollicitude pour l'accroissement de la splendeur du Muséum d'Histoire Naturelle, voulurent bien adopter ces idées. Ils les perfectionnèrent, en les appliquant à l'établissement confié à leur administration. Elles les conduisirent à un plan de ménagerie digne d'un grand peuple, par laquelle ils projetèrent de remplacer celle qu'ils avaient été forcés de faire construire à la hâte, pour

---

(1) Ces idées ont paru dans la Décade Philosophique, au commencement de l'an 4 de l'ère française.

y donner asyle aux animaux de l'ancienne ménagerie de Versailles, qu'on
avait amenés dans le Muséum, à ceux
qu'on avait réunis avec ces derniers,
et à ceux que l'on se proposait d'y
réunir encore. Ils résolurent de ne
plus laisser subsister ces enceintes
étroites dans lesquelles les animaux
ont été condamnés pendant si long-
temps à toutes les souffrances de la
captivité; d'élever, pour ainsi dire,
sur les ruines de ces prisons, un monument dont les proportions, la beauté et les convenances annonçassent la
grandeur de la nation, la dignité de
l'histoire de la nature, l'importance
des résultats desirés; qui, loin de
blesser les yeux du citoyen, du naturaliste et de l'homme sensible, pût

être avoué par le patriotisme, la science et la philosophie; et qui, en faisant disparaître tous les restes des ménageries de la première et de la seconde sorte, ainsi qu'en ajoutant à tous les avantages des ménageries de la troisième et de la quatrième, montrât au lieu des arsenaux de la force, ou des inventions de l'orgueil, le produit des lumières et l'ouvrage d'une politique humaine, portés au plus haut degré de perfection que l'état actuel de la civilisation puisse faire naître.

Ce projet vaste et cependant facile, a déjà été réalisé en partie. Chaque jour voit paraître au milieu des jardins du Muséum, sous les auspices d'un Gouvernement avide de favoriser tout ce qui est grand et utile, et par les soins de mes célèbres collègues, une nouvelle portion de ce bel établissement pour lequel on n'aura pas eu de modèle, et que les amis de la science souhaiteront de voir imité (1).

On pourra comparer cette immense ménagerie à une campagne variée et riante, où les différentes espèces d'animaux jouiront de toute la liberté qu'il sera possible de leur laisser sans

____

(1) Le citoyen Molinos est l'architecte qui, d'après les idées des professeurs du Muséum, a donné tous les plans et dirige l'exécution de cette ménagerie.

danger pour des spectateurs nombreux et quelquefois imprudents; où
elles trouveront le toît, l'exposition et
les soins les plus convenables à leur
organisation; et où, vivant au milieu
des plantes et des arbres de leur pays,
à l'ombre du moins des végétaux les
plus analogues à ceux de leur patrie,
se livrant comme sur leur terre na-
tale, à leurs jeux et à leurs mouvements chéris, ne sentant ni leur exil,
ni la perte de leur indépendance, elles
présenteront à l'œil de l'observateur
le tableau fidèle des productions de la
nature vivante dans les contrées les
plus remarquables du globe.

Trois objets sont le but principal de
cet établissement.

Le premier est de faire servir la curiosité publique à répandre une instruction durable et facile , sous l'apparence d'une satisfaction passagère et légère; de mettre en action les tableaux des habitudes des animaux, et les portraits des espèces, que les Pline, les Linné et les Buffon nous ont transmis; de substituer aux attitudes de la contrainte, les mouvements d'une sorte d'indépendance, aux privations de la réclusion, quelques jouissances de la liberté, aux poids douloureux des fers, l'heureuse absence de toute entrave; et par ce grand changement, de cesser d'altérer la morale de la multitude, en l'appelant tous les jours vers des images multipliées de gêne, d'ennui, d'inquiétude, de liens et de tourments qu'aucune utilité ne peut justifier.

Le second de ces trois objets est de donner aux naturalistes les vrais moyens de perfectionner la zoologie, par les ménageries; et le troisième, de servir la société plus directement encore, en acclimatant les animaux étrangers réclamés par l'économie publique.

Mais lorsque cette ménagerie sera terminée, tous ceux qui cultivent les connaissances humaines, ne pourront pas jouir du spectacle qu'elle présentera. Tous ceux qui se livrent à l'étude de la nature, ne pourront pas venir visiter ce monument érigé en l'honneur de cette nature admirable et féconde. Et, d'ailleurs, quel est l'ouvrage de la main de l'homme, dont la durée ne soit pas très-limitée par l'empire du temps, et par la puissance bien plus destructive encore, des opinions, des passions et des folies humaines?

Des hommes zélés pour l'instruction publique, ont conçu le projet d'étendre à tous les temps et à tous les pays, le charme et l'utilité de ce grand établissement. Ils ont imaginé de donner au public l'histoire et le portrait des animaux qui seront nourris dans cette ménagerie; de répandre ainsi et de perpétuer dans toutes les contrées, non seulement une figure très-ressemblante de ces animaux, la description

de leurs formes, l'image de leurs attitudes, la peinture de leurs mouvements, le récit de leurs actions, l'exposition de leurs habitudes, mais encore les résultats de tous les essais
auxquels ces mêmes animaux auront
donné lieu pour les progrès de la phy-
sique, ou pour ceux de l'industrie
sociale.

Ils ont su que depuis quelques années
mes collègues avaient engagé des
artistes habiles (les citoyens Maréchal
et Redouté), à peindre sur du vélin,
et à représenter dans différentes situa-
tions, les animaux vivants que l'on
amène au Muséum, et à continuer
ainsi cette superbe collection de peintures, de plantes et d'autres êtres orga-
nisés,

nisés, commencée par la munificence
de Gaston frère de Louis XIII, exé-
cutée par les Robert, les Basseporte,
le célèbre Van-Spaendonck, et déposée
dans la bibliothèque du Muséum où
ces végétaux avaient vécu.

Le citoyen Miger s'est chargé de
multiplier, par la gravure, toutes celles
de ces peintures sur vélin, qu'a produit le pinceau du citoyen Maréchal,
et particulièrement celles qui offrent
l'image de mammifères ou d'oiseaux
observés dans des circonstances inté-
ressantes.

On aura atteint, par l'exécution de
ces gravures, une partie du but que
nous venons d'indiquer.

Pour parvenir à l'atteindre en entier,

on joindra à chaque figure un article relatif à la conformation et à l'histoire de l'animal dont les traits auront été gravés; et c'est par mon ami et confrère le citoyen Cuvier, de l'Institut National, l'un des plus savants naturalistes de l'Europe, que sera écrit le texte qui accompagnera chaque planche.

Lorsque mes occupations me permettront de me charger de quelques-uns de ces articles, mon nom placé au bas de ceux que j'aurai faits, indiquera le plaisir que j'aurai eu d'associer mon travail à celui de mon ami.

Nous n'avons pas besoin de faire remarquer que l'ouvrage dont nous parlons, étant une copie fidèle de

la ménagerie du Muséum, servira,
comme cette ménagerie, à faire connaître avec précision les effets des divers degrés de la domesticité sur les
animaux féroces, sur les animaux
sauvages, sur ceux que leurs qualités
paisibles rendent propres à être retenus auprès de l'homme, associés à ses
labeurs, attachés à son sort, et enfin,
sur ceux dont la sensibilité très-vive
les lie à lui, par l'affection la plus
profonde et la plus durable.

C'est, d'ailleurs, dans une ménagerie telle que celle dont on se propose de multiplier les bienfaits, par
l'ouvrage à la tête duquel nous tra-
çons quelques lignes, que l'on pourra
connaître la véritable figure d'un très-

grand nombre d'animaux très-dignes d'attention. C'est dans une enceinte semblable qu'on pourra tirer des conclusions justes de leur conformation, observer, par exemple, sur les Éléphants, les Rhinocéros, les Hippopotames, les Lions, les Tigres, les Ours marins, les Autruches, les Casoars, etc., les résultats de la composition, de la réunion et de la séparation des principaux organes, la sensibilité plus ou moins grande aux diverses températures, aux différents aliments, aux odeurs, aux couleurs, aux impressions sonores, le mode de l'accouplement, le temps de la portée, la durée de l'incubation, etc.

C'est avec le secours d'un monument tel que cette ménagerie, qu'on parviendra à créer la science de la physionomie des animaux, plus réelle que celle de la physionomie de l'homme, parce que leur pantomime n'exprimant pas d'idées, ne peignant que des sensations, et n'étant jamais altérée par le déguisement, est plus simple, plus forte et plus vraie.

L'ouvrage dont nous terminons l'introduction, pourra donc être considéré un jour comme le complément nécessaire de toute histoire des animaux. Peut-être sera-t-il du petit nombre de ceux qui survivront aux révolutions de la science, parce qu'indépendant de toute hypothèse et même de tout systême de classification, il ne présentera que des images exactes tracées par la plume ou gravées par le burin.

LE CHAMEAU.

CAMELUS BACTRIANUS.

Le genre des Chameaux, quoique placé dans l'ordre des ruminants, en diffère cependant par quelques caractères assez marqués. Ses doigts ne sont point entièrement revêtus de cornes, ils n'ont qu'un petit ongle à l'extrémité antérieure, et une espèce de semelle calleuse commune aux deux doigts, dont l'intervalle n'y est marqué que par un sillon, de façon qu'ils ne peuvent ni s'écarter ni se rapprocher l'un de l'autre. Les Chameaux n'ont donc pas le pied absolument fourchu, mais seulement échancré en devant; et sous ce rapport ils se rapprochent un peu du Cheval : ils s'en rapprochent aussi par les dents. Ils en ont huit en avant à la mâchoire inférieure; mais les externes étant pointues, peuvent passer pour des canines : il ne leur restera donc que six incisives.

A la mâchoire supérieure ils ont certainement deux incisives implantées dans l'os intermaxillaire, ce qui n'a lieu dans aucun autre ruminant; et une ou deux canines de chaque côté qui deviènent assez grandes avec l'âge.

Leurs dents molaires sont absolument semblables à celles des ruminants. Ils ont un estomac de plus, qui est un appendice de la panse, et qui retient une certaine quantité d'eau qu'ils font revenir à la bouche lorsqu'ils sont pressés de la soif. C'est sur-tout cette disposition qui rend ces animaux si précieux pour traverser les déserts arides. Le reste de leurs intestins ressemble beaucoup à ceux des ruminants ordinaires.

La conformation extérieure des Chameaux a quelque chose d'ignoble et de rebutant. Leur démarche lourde, la longueur et la courbure de leur cou, leur lèvre fendue, la saillie de leurs yeux, la faiblesse apparente de leur croupe et de leurs jambes de derrière, enfin les loupes de graisse qui défigurent leur dos, nous les font paraître hideux.

On en distingue deux espèces, dont chacune a produit plusieurs variétés.

La première, connue des anciens sous le nom de *Chameau de Bactriane*, a retenu seule le nom de *Chameau*; l'autre, qu'ils nommaient *Chameau d'Arabie*, a reçu celui de *Dromadaire*, qui vient du grec Δρομάς, et signifie *coureur*. Quant au nom de Chameau, *camelus*, Κάμηλος, c'est le même que ces animaux portent dans les langues orientales : *gamal* en hébreu, *djemel* en arabe, etc.

Le *Chameau* proprement dit, *Chameau turc* ou *Chameau de Bactriane*, se distingue, au premier coup d'œil, par ses deux bosses, dont l'une, située sur le garrot, tombe ordinairement de côté, pour peu que l'animal soit gras;

l'autre, placée plus en arrière, reste plus long-temps droite. Cette espèce est généralement plus grande que celle du Dromadaire : ses jambes sont plus basses à proportion de son corps, sa démarche plus lente, son museau plus gros et plus renflé, et son poil plus brun.

Cet animal habite encore aujourd'hui dans les mêmes lieux que du temps des anciens, c'est-à-dire dans le Turquestan, qui est l'ancienne Bactriane. On en trouve aussi dans le Thibet et jusqu'aux frontières de la Chine. Pallas assure même qu'il y en a encore, dans ces derniers pays, de sauvages, qui sont plus grands et plus courageux que les domestiques.

C'est cette espèce seule qu'on emploie comme bête de somme dans tout ce climat; elle en supporte même de plus rigoureux, puisque les Burètes et les Mongoles en conduisent jusque dans les environs du lac Baïcal, où ils vivent en liver de bouleaux et d'autres arbres, nourriture qui les fait cependant beaucoup maigrir. Au contraire, dans le midi de la Perse, en Arabie et en Égypte, on n'emploie que des Chameaux à une seule bosse, et on n'y élève celui à deux bosses que par curiosité et comme un animal exotique.

Le Chameau a, sous tous les rapports, plus de facilité que le Dromadaire pour vivre dans des climats tempérés; on a remarqué, par exemple, qu'il se tire beaucoup mieux des boues et des terrains humides et marécageux.

On a essayé d'en introduire l'espèce à la Jamaïque et aux Barbades; mais comme on ignorait la méthode de les élever et de les dresser, on n'a pu en tirer aucun service réel. On a été plus heureux en Toscane. Le Grand-Duc Léopold, depuis Empereur, y en a introduit quelques-uns, qui se sont multipliés en peu d'années jusqu'à deux

cents. Si le prince et le duc Salviati, qui
en possédaient seuls les haras, ne les
avaient pas vendus si cher (40 louis chacun), ils seraient déja, dit-on, en bien
plus grand nombre; parce qu'on a reconnu généralement leur grande utilité,
sur-tout dans les marais, vu que, se
nourrissant de mauvaises graminées, de
feuilles, et de foin médiocre, et en petite quantité, ils portent cependant le
double des Chevaux, et vont le double
plus vîte. Ils se mettent à genoux pour
être chargés et déchargés; on les attache
ensemble par les selles; un homme en
conduit ainsi cinq ou six. Il y en a deux
races distinctes par la taille.

On possède deux Chameaux à deux
bosses à la ménagerie du Muséum d'histoire naturelle. Ils ont 6 pieds 3 pouces
de hauteur au garrot; on croit qu'ils ont
une quarantaine d'années; ils sont mâles
tous deux, et servaient autrefois à traîner un charriot; mais depuis qu'ils en

ont perdu l'habitude, ils ne veulent plus
se laisser employer à rien. Ils consomment chacun trente livres de foin ou de
luzerne par jour, sans avoine. Ainsi un
Chameau ne coûte pas plus à nourrir
qu'un Cheval, quoiqu'il soit beaucoup
plus fort. Lorsqu'ils ruminent, ils mâ-
chent alternativement de chaque côté,
sans jamais porter la pelotte deux fois
du même. Ils boivent en été chacun
quatre seaux d'eau par jour.

Leur rut a lieu pendant l'hiver, depuis octobre jusqu'en février; ils ne
prènent alors presque rien et maigrissent beaucoup. Ce qui leur plaît le plus
dans cette saison, c'est la litière sur laquelle ils ont uriné; mais ils ne mangent
pas soixante livres de foin en deux mois.
On leur donne alors de l'eau mêlée d'un
peu de farine et de sel; on ne peut, dans
le fort de leur rut, leur en faire prendre
plus de deux ou trois pintes par jour.
Pendant tout ce temps ils répandent une

odeur insupportable; dans les premiers
jours du rut, et même dès le mois de
septembre, ils éprouvent de fortes
sueurs qui durent environ quinze jours.
lorsque ces sueurs sont passées, il se fait
un écoulement abondant à la nuque,
non par une ouverture, mais par un
suintement au travers de la peau. C'est
une eau noire, visqueuse et très-puante,
qui salit leur poil, et qui oblige de le
couper. En été, lorsque la chaleur est
vive, il sort du même endroit une eau
roussâtre. Ils n'ont point cette vessie
que les Dromadaires font sortir de leur
bouche à cette époque; mais ils sont
très-méchants et presque intraitables;
ils cherchent à mordre et à frapper du
pied; ils ne ruent point, et ne frappent
que d'un seul pied, qu'ils meuvent
comme s'ils fauchaient; leur coup est
très-violent. Lorsqu'ils mordent, ils ne
se contentent point d'entamer, mais ils
cherchent à emporter le morceau en
tirant.

Lorsqu'ils ont des érections, la verge, qui dans l'état ordinaire est dirigée en arrière, se reporte en avant comme dans les autres animaux. On sait, par les voyageurs, que l'accouplement des Chameaux ne se fait qu'avec peine; que la femelle s'agenouille, et que le mâle, lorsqu'il a fini, tombe lui-même à terre comme s'il était mort. Les mêmes choses ont été observées en Toscane.

La mue arrive immédiatement après que le rut est passé. Les poils du cou s'enlèvent par grands lambeaux comme s'ils avaient été feutrés. En moins de deux mois il n'en reste pas un seul, et tout le corps est nu : alors la peau se couvre d'une efflorescence farineuse qu'on enlève avec un peigne, et devient noire et lisse comme celle d'un mulâtre.

Cette nudité complète dure environ deux mois, au bout desquels le poil commence à revenir, et il lui en faut trois pour atteindre sa première grandeur.

Ces Chameaux aiment à être couchés et à se rouler dans la poussière ; dans le temps du rut, ils se frottent et s'excitent de mille manières : c'est sur-tout la tête qui leur cause de grandes démangeaisons. Ils se couchent alors le nez contre terre, comme les limiers qui cherchent la trace d'un animal.

Leurs excréments ordinaires ont la forme et la grandeur de ceux de l'Ane, seulement ils sont mieux broyés ; mais dans le moment du rut, ils sont en petites boules à peine grosses comme des noisettes, et de couleur rousse.

Ils urinent en arrière ; le filet est très-mince et dure un quart-d'heure chaque fois. L'odeur en est très-forte. Dans le temps du rut, ils urinent sur leur queue qu'ils portent exprès entre les cuisses ; quand elle est bien mouillée, ils la courbent sur le dos pour s'en arroser, et ne recommencent à uriner que quand elle est redescendue.

Camelus Bactrianus   le Chameau

Ils dorment les yeux ouverts.

Nous avons très-peu de détails sur ce qui distingue le Chameau du Dromadaire, quant aux habitudes, à l'instinct, aux qualités physiques, à l'éducation et aux usages; ainsi nous réservons tous ces articles pour l'histoire du Dromadaire, afin d'éviter les répétitions.

LE CASOAR.

STRUTHIO CASUARIUS.

Le Casoar approche de l'Autruche pour la taille, et est encore moins volatile qu'elle, s'il est possible, puisque ses ailes n'ont pas même de plumes; cependant il en diffère assez à d'autres égards pour faire un genre particulier.

Son bec est applati par les côtés, et un peu arqué : la substance en est fort dure; la pointe de chaque mandibule est échancrée latéralement. Une proéminence osseuse, recouverte d'une corne mince, forme sur sa tête une espèce de casque comprimé par les côtés et coupé en demi-ovale.

Sa tête et le haut de son cou sont absolument dénués de poils et de plumes; la peau en est teinte d'un bleu céleste très-vif et d'une belle couleur de feu. Le bleu occupe le haut, et le rouge le

bas, dont la surface est inégale et présente des espèces de verrues ou des tubercules arrondis. Devant le cou, pend
de chaque côté une longue caroncule
mince, dont la partie inférieure grossit
un peu.

Tout le corps est recouvert de plumes
noires uniformes, qui de loin ressemblent à du crin, parce que les tiges en
sont garnies de barbes courtes, roides,
écartées, et qui ne portent point elles-
mêmes de barbes plus petites. Celles du
bas du dos et du croupion s'alongent et
masquent entièrement la queue.

L'aile est encore de moitié plus courte
que dans l'Autruche ; ses pennes, au
nombre de cinq, sont grosses et roides,
et n'ont point de barbes du tout, de
façon qu'elles représentent cinq piquants, et qu'elles servent en effet à
l'animal d'armes offensives.

Les pieds du Casoar sont plus gros
et plus courts à proportion que ceux

de l'Autruche. Ils sont terminés par trois doigts, dirigés tous les trois en avant. L'ongle du doigt interne est du double plus long que les autres.

L'individu représenté sur cette planche a quatre pieds et demi de haut : c'est une femelle. Elle est noire comme les mâles, quoique Willughbi ait dit que les femelles sont olivâtres.

Le squelette du Casoar a beaucoup de rapport avec celui de l'Autruche. Il a cependant des caractères particuliers, dont le principal consiste en ce que les os pubis et ischion ne sont point soudés ensemble par derrière.

Ses parties molles présentent aussi quelques dispositions curieuses; entre autres celle que ses intestins sont extrêmement courts à proportion de sa taille, et que ses cœcum sont fort petits, si on les compare à ceux de l'Autruche. Il n'a pas comme celle-ci un estomac intermédiaire entre le jabot et le gésier; son cloaque n'est pas plus grand que dans les autres oiseaux ; mais les muscles pulmonaires sont comme dans l'Autruche.

Le Casoar ne paraît pas surpasser l'Autruche en délicatesse de goût et d'odorat : il avale, comme elle, tout ce qui se présente. Plusieurs auteurs, et Harvey lui-même, vont jusqu'à assurer qu'il avale quelquefois des charbons ardents. Mais il rend ce qu'il a pris beaucoup plus promptement que l'Autruche, et sur-tout lorsqu'il est poursuivi. Il mange de tout : il aime beaucoup les pommes ; mais il est aussi très-friand d'œufs de poule, et il les avale et les rend quelquefois sans les briser. Il ne peut pas manger de grain, parce que sa langue n'est pas disposée de manière à ce qu'il puisse l'avaler.

Celui de la ménagerie consomme par jour trois livres et demie de pain, six ou sept pommes et une botte de carottes. Il boit environ quatre pintes d'eau en été, et un peu plus en hiver. Il avale tout sans mâcher, et il rend quelquefois les pommes et les carottes entières. Ses excréments sont presque liquides; il ne rend point d'urine séparément.

Ceux qu'on élève aux Indes préfèrent le pain de sagou à toute autre nourriture; mais ils mangent aussi du riz cuit et du pisang. Les sauvages vivent des fruits tombés des arbres. Dans les basses-cours, les petits Poulets et les Canards ne sont pas toujours en sûreté devant le Casoar; il les avale quelquefois en passant; mais lorsque ces oiseaux se débattent un peu, le Casoar est obligé de les abandonner.

Le cri ordinaire de celui de la ménagerie est *houhou*, prononcé faiblement et comme de la gorge. Il gonfle quelquefois sa gorge et produit un bourdonnement semblable au bruit d'une voiture ou au tonnerre entendu de loin. Pour produire ce son-là il baisse la tête, appuie son casque contre la cloison, et tremble de tout son corps; il rend aussi quelquefois un grognement semblable à celui du Cochon, sur-tout lorsqu'il est contrarié.

Valentyn compare la voix du Casoar à celle d'un Poussin; mais il dit qu'on ne l'entend guère que lorsqu'on le chasse. Les adultes ont, dit-il, un soufflement et un ronflement semblable à celui du Lapin, qu'ils font entendre sur-tout lorsqu'ils veulent se battre contre les Boucs ou les autres animaux domestiques.

Le Casoar court presque aussi vîte que l'Autruche, lorsqu'il est poursuivi. Selon Clusius, il rejète à chaque pas ses pieds en arrière, comme s'il ruait. Dans sa loge il marche posément, en écartant les jambes et en se tenant très-droit. De temps en temps il court en faisant des bonds, mais lourdement et avec beaucoup de bruit. Valentyn dit que lorsqu'il court très-vîte, il a l'air en partie de danser et en partie de voler. Il est très-vigoureux. Son bec étant plus fort que celui de l'Autruche, il s'en sert avec avantage pour se défendre, pour arracher et pour briser différents corps. Il frappe dangereusement de son pied, tant en avant qu'en arrière.

Celui de la ménagerie est quelquefois méchant. Les gens mal habillés et les habits rouges l'irritent : il cherche à frapper avec les pieds en avant. Il a sauté par-dessus son parc, et a déchiré les jambes d'un homme avec ses ongles. Il a, une autre fois, faussé la boîte de montre de son gardien, d'un coup de pied.

Les Indiens regardent le Casoar comme très-stupide ; ils ont remarqué sur-tout qu'il a très-peu de mémoire, qu'il oublie même les coups et les autres mauvais traitements, et qu'il ne témoigne aucun

aucun ressentiment contre ceux qui l'ont
battu.

Il s'apprivoise très-vîte lorsqu'on le
prend jeune; mais ceux qui sont devenus plus grands que la Cigogne, ne se
laissent pas prendre aisément. Cependant les Indiens Afœrèges les prènent
à la course, ce que des Chiens ne pourraient pas faire, selon Valentyn. Sa
chair est, au rapport du citoyen Labillardière, noire, dure et peu succu-
lente.

Les œufs du Casoar sont verdâtres
ou grisâtres, agréablement tachetés de
vert d'herbe; le fond en est aussi marqué de blanc. Il y en a d'unis, et d'autres dont toutes les teintes sont pâles.
Valentyn en a vu un couleur de foie et
sans tache. Ils sont plus petits et d'une
forme plus alongée que ceux de l'Autruche.

Celui que nous représentons n'en a
encore pondu que de hardés, c'est-
à-dire dont la coquille était trop mince,

elle s'est brisée au passage. Dans l'é-
tat sauvage il n'en pond que trois ou
quatre , qu'il place dans le sable ou
qu'il couvre de différentes choses, et qu'il
abandonne à la chaleur naturelle du climat. Il faut cependant que dans certaines
circonstances il en prène plus de soin ,
car Valentyn rapporte que ses gens trouvèrent en 1660 un Casoar couché sur
trois œufs , mais qu'ils ne purent savoir depuis combien de temps il y était.
Le jeune Casoar diffère assez de l'a-
dulte. Sa tête est entièrement couverte
de cette peau nue et bleuâtre ; la proéminence revêtue de corne ne lui vient
que petit à petit. Tant qu'il a moins de
trois pieds de haut , son plumage est
d'un roux clair mêlé de gris.

Le Casoar ne se trouve que dans la
partie la plus orientale de l'Asie méridionale , c'est-à-dire dans la presqu'île
de l'Inde au-delà du Gange , et dans les
îles de l'Archipel indien. Il n'est nulle
part bien nombreux.

Ce sont sur-tout les profondes forêts de l'île de Céram, le long de ses côtes méridionales, depuis Elipapoeth jusqu'à Kélémori, qui recèlent beaucoup de ces oiseaux. On en trouve aussi à Bouton et dans les îles d'Aroé ; mais ils y diffèrent un peu des autres, sur-tout par leurs œufs, qui sont moins beaux, et dont les taches sont plus longues et plus brouillées. Quoique cet oiseau soit domestique à Amboine, il n'en est pas plus naturel ; on l'y a porté, selon Labillardière, des îles situées à l'Est. Les naturalistes de l'expédition d'Entrecasteaux en apperçurent quelques-uns sur les côtes Sud - Est de la Nouvelle Hollande ; mais ils étaient probablement d'une autre espèce, décrite par le capitaine Philip, dans son *Voyage à Botany-Bay*.

Le Casoar a été apporté en Europe par les Hollandais qui firent la première navigation aux Indes. Cet oiseau, venu de Banda, avait été donné au maître

d'un de leurs vaisseaux, Scellinger, par
le roi de Cidaio·, dans l'île de Java.
Après qu'on l'eut montré pendant quelque temps à Amsterdam pour de l'ar-
gent, on le vendit au comte de Solms,
qui le donna par la suite à l'électeur
de Cologne, et celui-ci à l'empereur
Rodolphe II.

Depuis lors on en a presque toujours
eu quelques-uns en Europe. Oléarius
dit qu'il y en avait de son temps un
chez le duc de Gottorp. L'Académie
de Paris en avait eu quatre à sa disposition. Willughby en a vu quatre à
Londres, en différents temps, et la ménagerie de Versailles en a eu assez souvent.

Le nom de Casoar est une contraction de celui de Cassuwaris que cet oiseau porte en Malai. Celui d'*émeu* ou
d'*éma* lui avait été donné par les Portugais.

Des différents auteurs qui en ont parlé, Clusius et Valentyn sont les seuls

qui soient entrés dans quelques détails
sur ses mœurs ; les autres naturalistes ont emprunté de Clusius tout ce
qu'ils ont dit à ce sujet : mais ils n'ont
point fait usage de l'ouvrage de Valentyn , qui est en général peu connu , et
dont nous avons tiré une partie des détails que nous venons de donner.

Le Casoar n'a pas été jusqu'ici plus
fidèlement représenté que l'Autruche.

La figure de *Clusius* , copiée dans
Jonston , dans Oléarius et ailleurs , ne
rend bien ni les aîles , ni le casque, ni
le bec. Elle avait été faite d'après un
tableau à l'huile du Casoar du comte
de Solms.

La figure d'*Aldrovande* est faite d'a-
prés le même individu dans sa jeunesse.
Elle a été prise du journal de la navigation qui l'apporta en Europe : ainsi
c'est bien mal à propos qu'on l'a depuis rapportée au Touyou; elle ne montre point encore de casque , mais seulement un disque plat et arrondi.

La figure de *Willughby* est peut-être la meilleure ; seulement les piquants sont trop grêles, les doigts trop égaux et le plumage trop doux.

Celles d'*Albin*, tome II, planche 60, et de *Frisch*, tome II, planche 105, pèchent entièrement dans les proportions, et ne donnent point l'idée de la nature des plumes.

La planche enluminée de *Buffon*, numéro 313, faite d'après un individu mal desséché, rend très-mal la partie nue du cou.

Celle de *Brisson* ne représente point les rides de cette partie nue ; les caroncules en sont presque réduites à rien ; le plumage est trop lisse.

Celle de *Latham* est grossière.

Struthio Casuarius.   le Casoar

L'OURS POLAIRE

OU

MARITIME.

URSUS MARITIMUS.

Cet animal, célèbre depuis long-temps par les récits exagérés de sa férocité, était mal connu des naturalistes avant Pallas, et il n'en existait point de bonne figure avant celle que nous présentons au public. Il paraît qu'il devient plus grand que l'*Ours commun*. Les Hollandais de la troisième expédition pour la recherche d'un passage aux Indes par le nord, qui passèrent un hiver à la Nouvelle-Zemble, et qui furent cruellement tourmentés par les animaux de cette espèce, prétendent en avoir tué un dont la peau avait treize pieds de longueur. (C'est sans doute par une faute d'impression qu'on trouve dans une autre relation du même voyage, que cette peau en avait vingt-trois.) Celui dont nous donnons la figure, et qui était mâle, n'avait, quoiqu'adulte, en ligne droite, que cinq pieds sept pouces depuis le bout du museau jusqu'à l'anus. Il est vrai qu'il avait été tenu en captivité depuis les premiers mois de sa vie. Pallas a mesuré une femelle d'environ un an, et qui n'avait que trois pieds dix pouces; une femelle brune du même âge n'avait que six pouces de moins. La peau d'une femelle adulte d'Ours blanc sauvage, mesurée par le même, se trouva longue de six pieds, et un mâle tué par des gens du capitaine Phips, dans son voyage au pôle boréal, avait sept pieds un pouce mesure anglaise, qui reviènent à six pieds sept pouces de France.

Son corps, et sur-tout son cou, sont plus alongés à proportion, et sa tête plus mince et plus plate que dans l'Ours commun. C'est pour n'avoir vu qu'un jeune individu que Pallas dit le contraire. Son front n'ayant point la convexité qu'on remarque dans l'Ours brun, est presque en ligne droite avec le nez, et comme il est aussi plus étroit à proportion, tandis que le museau est plus gros, la tête paraît toute d'une venue. Les oreilles sont beaucoup plus courtes et plus arrondies ; mais le caractère spécifique le plus frappant consiste dans la longueur proportionnelle de la main et du pied, qui est beaucoup plus considérable que dans l'Ours brun. Le pied de derrière de celui-ci fait à peine le dixième de la longueur de son corps, tandis que dans l'Ours blanc il en fait le sixième. Cette différence vient en partie de ce que l'Ours brun n'appuie pas aussi complétement le talon à terre que le blanc.

Le poil de l'Ours blanc est plus fin, plus doux, plus laineux que celui de l'Ours brun ; il est aussi plus court à la tête et à la partie supérieure du corps, mais celui du ventre et des jambes devient fort long. Ce poil est d'un assez beau blanc en toute saison ; mais cette

différence seule ne suffirait pas pour distinguer cet Ours ; car l'espèce de l'Ours
brun a aussi plusieurs individus blanchâtres, ou même entièrement blancs :
on en trouve sur-tout de tels dans les
pays du nord pendant l'hiver.

Le bout du nez, les ongles et les
bords des paupières sont d'un noir foncé,
les lèvres tirent sur le violet, et l'intérieur de la bouche est d'un violet pâle.
Les dents ne diffèrent pas beaucoup de
celles de l'Ours brun ; l'un et l'autre a
quatre molaires de chaque côté, en haut
et en bas, dont les quatre antérieures
sont fort petites et dont les douze autres ont des couronnes plates, très-lé-
gèrement tuberculées. En haut, c'est
la dernière qui est la plus longue ; en
bas, c'est la pénultième. Il y a de plus,
tant en haut qu'en bas, derrière chaque
canine, une très-petite dent séparée de
la première molaire par un espace vide.

Les viscères et les muscles de l'Ours
blanc ne m'ont présenté aucune diffé-

rence notable d'avec ceux de l'Ours brun.

Son odorat est beaucoup meilleur que sa vue. Il nage bien et plonge long-temps. Sa démarche ressemble à celle de l'Ours brun ; il sait s'élever sur ses pieds de derrière et rester assez long-temps dans cette situation. Sa course est assez rapide lorsqu'il est nécessaire.

Dans l'état du repos, son attitude ordinaire est d'être assis sur ses jambes postérieures, de tenir les antérieures droites et la tête pendante au bout de son long cou. Ceux que nous avons observés vivants ont un mouvement singulier et perpétuel de la tête et du cou de haut en bas et de bas en haut. On croit qu'ils ont pris cette habitude parce que la cage où ils ont passé leurs premières années était trop étroite.

C'est peut-être, de tous les quadrupèdes, celui qui craint le plus la chaleur. L'individu que Pallas a observé ne pouvait souffrir de demeurer dans la maison, même en hiver, quoique ce fût à Krasnojarsk en Sibérie, où le climat est assez rude. Il prenait le plus grand plaisir à se rouler dans la neige. Celui de la ménagerie du Muséum souffre aussi beaucoup en été. On est obligé de lui jeter chaque jour, hiver et été, soixante ou quatre-vingts seaux d'eau sur le corps pour le rafraîchir; cependant sa chaleur naturelle ne s'élève pas sensiblement au-dessus de celle des autres carnassiers.

Cet Ours polaire n'est nourri que de pain; il en mange six livres seulement, et cependant il est fort gras. Un autre qui était avec lui, et qui est mort il y a deux ans, après en avoir subsisté cinq au même régime, s'est aussi trouvé extrêmement gras. On ne peut donc pas dire que cette espèce soit très-vorace.

La mer, dont ces Ours habitent les bords, leur fournit une nourriture abondante, par les cadavres de cétacés et de poissons qu'elle rejète. Ils vont aussi attaquer les Phoques aux trous de la glace où ces amphibies sont forcés de venir de temps en temps prendre leur respiration. On dit même qu'ils osent attaquer les Morses ou Vaches marines, lorsqu'elles sont à terre; ils n'oseraient pas le faire dans l'eau, où les Morses ont toute liberté dans leurs mouvements; et même lorsque les Ours sont parvenus à les vaincre, ils trouvent encore beaucoup de peine à les dépecer à cause de la dureté de leur peau.

Les Ours se jètent en troupes sur les colonnes de poissons qui arrivent à certaines époques dans les différents golfes, et c'est alors qu'ils font la meilleure chère.

Ils n'aiment pas beaucoup la chair des quadrupèdes terrestres, et on en a vu assez souvent en Sibérie passer près des troupeaux sans leur faire de mal; mais lorsque la faim les presse, ils mangent de tout; et ceux qui viènent en Islande y attaquent quelquefois le bétail.

C'est sur-tout au sortir de leur retraite d'hiver qu'ils sont cruels, parce
qu'ils sont affamés ; alors ils attaquent
l'Homme ; mais en tout autre temps ,
sans être lâches, ils ne sont point dangereux, à moins qu'ils n'ayent à défendre leurs petits, ce qu'ils font avec beaucoup d'audace. Il ne faut qu'un peu d'a-
dresse pour en venir à bout. Lorsqu'ils
sont élancés, il suffit de se détourner un
peu et de les percer par le flanc. Les
peuples de Sibérie , quoique mal armés,
sont sûrs de les vaincre de cette manière:
mais si on les attaque en face , comme
ils sont très-vigoureux et qu'ils combattent sur leurs pieds de derrière , ils ont
beaucoup d'avantage. Ce qu'ils craignent
le plus , sont les coups sur le museau ,
qui paraît être très-sensible ; ils se laissent aussi facilement effrayer par le
bruit des trompettes , des armes à feu ,
par les clameurs des Hommes, et sur-
tout, selon les chasseurs, par la vue de
leur propre sang sortant de leurs blessures.

Tandis que l'Ours terrestre aime les forêts, ne se montre pas volontiers dans les lieux découverts, et n'entre dans l'eau que lorsqu'il est forcé de fuir, l'Ours polaire habite plus sur la glace et dans l'eau qu'à terre, et c'est sur-tout en nageant qu'il cherche sa proie. Il ne fréquente guère que les côtes de l'océan glacial, et ne descend pas même sur les côtes orientales de la Sibérie, ni au Kamschatka : et quoiqu'on le trouve sur la côte septentrionale de l'Amérique et à la baie de Hudson, il n'habite point les îles situées entre l'Amérique et la Sibérie. Il y en a beaucoup dans le Spitzberg, et il en vient quelquefois, portés par les glaces, sur les côtes d'Islande et de Norvège, mais c'est un malheur pour eux ; les habitants font une garde exacte, et ont grand soin de les détruire aussitôt qu'ils les apperçoivent. Pendant les longues nuits du commencement et de la fin de l'hiver, ils s'écartent quelquefois des rivages ; mais jamais ils ne passent l'été dans les terres , et ils n'arrivent jamais jusqu'aux régions boisées situées au sud du cercle arctique, tandis que l'Ours brun craint de s'élever au nord de ce cercle. La partie de la Sibérie où l'on trouve le plus d'Ours blancs , est celle qui est située entre les embouchures de la Léna et du Jénissea. Il y en a moins entre ce dernier fleuve et l'Obi , et entre l'Obi et la mer Blanche , parce que la Nouvelle-Zemble leur offrant un asyle commode , ils ne vièrent guère jusqu'au continent. On n'en voit point sur les côtes de la Laponie.

C'est au mois de septembre que l'Ours blanc , surchargé de graisse , cherche un asyle pour passer l'hiver. Il se contente pour cela de quelque fente pratiquée dans les rochers , ou même dans les amas de glaces ; et sans s'y préparer aucun lit , il s'y couche et s'y laisse ensévelir sous d'énormes masses de neige. Il y passe les mois de janvier et février dans une véritable léthargie. Les mâles quittent leurs demeures à la fin de mars ; les femelles n'en sortent qu'au mois d'avril : quoiqu'ils ayent été au moins cinq mois sans aucune nourriture , ils sont encore passablement gras après ce long jeûne.

Ceux qu'on tient en domesticité ne sont point sujets à ce sommeil d'hiver; les Ours blancs et bruns de la Ménagerie ne changent rien à leur manière de vivre dans cette saison.

C'est dans leur asyle d'hiver , et au mois de mars , que les femelles mettent bas. Elles portent par conséquent au moins six ou sept mois. Le nombre de leurs petits est ordinairement de deux ; ils suivent leur mère par-tout , et vivent de son lait jusqu'à l'hiver qui suit leur naissance ; on dit même que la mère les porte sur son dos lorsqu'elle nage. A cet âge le poil est plus fin et plus blanc. Il jaunit toujours plus ou moins dans les adultes.

On ne sait point jusqu'à quel âge cet animal peut pousser sa vie. La Ménagerie posssède, depuis sept ans, un individu qui avait toute sa taille lorsqu'il y a été amené; il est vrai qu'il est devenu aveugle, et qu'il paraît avoir encore d'autres infirmités.

La chair de l'Ours polaire est mangeable; mais sa graisse a une odeur fétide de poisson. Les Hollandais cités plus haut, prétendent avoir éprouvé des effets pernicieux de son foie; mais Pallas assure qu'on n'a rien observé de semblable en Sibérie. Au contraire, on attribue des vertus médicales à ce foie, et sur-tout à sa bile, que l'on emploie pour l'angine et le mal vénérien, et que l'on prétend avoir sauvé quelquefois des agonisants, en excitant en eux une sueur salutaire. Sa graisse sert comme topique, et sa fourrure est plus estimée que celle de l'Ours brun.

Nous avons dit qu'il n'existe point de bonnes figures de l'Ours blanc. En effet, celle d'Ellis (*Voyage à la baie d'Hudson*) a la tête trop courte. Celle envoyée par *Collinson* à *Buffon*, et insérée par celui-ci dans son supplément tome III in-4°., l'a beaucoup trop mince et trop pointue. On a un peu corrigé ce défaut dans celle de Pennant (*Syn. of. quadr.* p. 288), qui n'est pour le reste qu'une copie de la précédente. Celle de Pallas (*Spicil. zool. fasc.* XIV, tab. 1.) a la tête deux fois trop grosse et les pieds mal faits.

Cet animal n'était pas inconnu aux anciens : il est parlé dans le livre *de Mirabilibus*, attribué à Aristote, d'Ours de couleur blanche que produisait la *Mysie* : peut-être était-ce seulement des Ours terrestres ; mais le grand Ours blanc que Ptolomée-Philadelphe fit voir à Alexandrie, selon Calixène le Rhodien, cité par Athénée, était probablement notre Ours polaire. Comme les environs de la mer Noire et de la mer Caspienne etaient alors beaucoup plus

froids qu'aujourd'hui, il n'est pas impossible qu'on y ait rencontré quelquefois de ces animaux, et Ptolomée s'en
sera aisément procuré par le commerce
dont ses états étaient le centre.

Albert le Grand, Agricola et Olaüs
sontles les premiers modernes qui ayent
parlé de l'Ours blanc maritime.

Ursus Maritimus   l'Ours Polaire

L.ᴱ AUTRUCHE.

STRUTHIO - CAMELUS.

L'Autruche est le plus grand de tous les oiseaux. Elle atteint jusqn'à sept ou huit pieds de hauteur. Son cou long et mince n'est revêtu que d'une espèce de du vet. Sa tête est fort petite à proportion de son corps; mais ses yeux sont grands et vifs; son bec est court, mousse et applati horisontalement. Les plumes de son corps n'ont point de fermeté ; les tiges en sont flexibles, et les barbes ne s'accrochent point les unes aux autres, comme dans les autres oiseaux. C'est ce qui rend ces plumes flottantes et propres à servir d'ornements. Les aîles de l'Autruche sont hors de toute proportion avec son corps , et n'ont aussi que des plumes flexibles et ondoyantes. Ses cuisses et ses jambes sont d'une force extraordinaire ; les cuisses sont dénuées de plumes ; ses pieds n'ont que deux doigts, dont l'externe est beaucoup plus court que l'autre, et n'a point d'ongle.

Le mâle est ordinairement d'un brun noir mêlé de plumes blanches ; la femelle est toute entière d'un gris brun uniforme. Dans le temps du rut, la peau du cou et des cuisses du mâle est très-rouge, et paraît telle au travers du duvet gris qui la recouvre.

D'après la hauteur de ses jambes et la nudité de ses cuisses, l'Autruche appartiendrait aux *échassiers* ; mais la forme de son bec, sa pesanteur et son séjour dans les terrains les plus secs, la rapprochent des *gallinacées*.

L'intérieur de l'Autruche présente quelques particularités curieuses. Sa langue est très-courte, en forme de fer-à-cheval, et fait en arrière une saillie que quelques auteurs ont prise pour une épiglotte.

Les cloisons membraneuses qui séparent ses poumons de son abdomen, sont revêtues des muscles qui les rendent un peu analogues au diaphragme des quadrupèdes.

Son rectum se dilate subitement en un très-grand cloaque, que quelques anatomistes ont pris pour une véritable vessie. En effet, l'urine s'y rassemble; et l'Autruche est le seul oiseau qui rende de l'urine séparément des excréments solides.

Entre son jabot et son gésier est une dilatation beaucoup plus grande que l'un et que l'autre, qu'on peut aussi regarder comme un estomac particulier, en sorte que l'Autruche en a trois.

Le membre du mâle est fort grand, d'une substance ligamenteuse, attaché à la partie inférieure du sphincter de l'anus. Il n'a point de canal, mais un simple sillon creusé à la face supérieure par lequel s'écoule la semence. Ce membre sort chaque fois que l'animal urine. Harvey assure que dans l'érection il ressemble à une langue de bœuf.

Le squelette de l'Autruche diffère à

quelques égards de celui des autres oiseaux. Son sternum n'a point cette proéminence en forme de quille de navire, mais il représente une espèce de bouclier.

Ses doigts, quoique très-inégaux en longueur, ont chacun trois phalanges; égalité de nombre qui ne se retrouve que dans le Casoar. Les os de ses aîles, quoique très racourcis, ont cependant le même nombre et à-peu-près les mêmes formes que ceux des autres oiseaux.

L'Autruche a l'œil bon et la vue forte; elle entend très-bien, quoiqu'en ait dit Léon l'Africain : mais son goût et son odorat sont très-faibles. Elle avale pêle mêle avec ses aliments des pierres, des morceaux de métal et d'autres corps nuisibles ou au moins inutiles à sa nourriture. L'individu représenté dans la planche, avait près d'une livre pesant de pierres, de morceaux de fer ou de cuivre, et de pièces de monnaie à demi usées. Cette habitude de l'Autruche a fait croire à quelques auteurs qu'elle digérait le fer. Il y a du moins cela de vrai dans cette opinion, que les morceaux qu'on a trouvés dans son estomac, n'étaient pas seulement usés comme ils auraient pu l'être par la trituration avec d'autres corps durs; mais qu'ils avaient été évidemment rongés par quelque suc, ce que l'on voyait surtout par l'inégalité des gerçures que ce suc avait produites. Nous nous en sommes assurés sur l'individu que la planche représente. Les fragments des clous qu'il avait avalés présentaient toutes les marques d'une vraie corrosion.

L'Autruche souffre souvent de ce peu de discernement qu'elle met dans le choix de ce qu'elle avale. La trop grande quantité de cuivre l'empoisonne quelquefois; des clous et d'autres corps durs et pointus peuvent percer les membranes de son estomac. Nous avons trouvé, dans l'épaisseur du mésentère de celle que nous représentons, deux clous de fer qui ne pouvaient y être arrivés qu'en traversant les parois de l'estomac; ils avaient provoqué une concrétion verdâtre très-dure, qui les encroûtait entièrement.

L'Autruche est d'ailleurs extrêmement vorace; et, quoique le grain et l'herbe fassent la base de sa nourriture, elle dévore indistinctement toute espèce de substance végétale ou animale. L'orge paraît être l'aliment qui lui convient le mieux. Celle qui est encore à la ménagerie, en mange chaque jour quatre livres accompagnées d'une livre de pain et d'environ dix têtes de laitue. Elle boit en été quatre pintes d'eau par jour: en hiver, où l'on est obligé de la tenir renfermée, elle en boit plus de six; ce qui réfute le récit des Arabes, adopté par Buffon, que l'Autruche ne boit point. Elle s'arrose très-souvent avec son eau, et se roule ensuite sur la terre; ce qui annonce un grand besoin de se baigner.

Ses excréments sont secs et noirs, et par petites boules, comme ceux des moutons. Ils sont enduits d'une matière blanche, comme ceux des autres oiseaux. Leur réjection est toujours précédée de celle de l'urine.

L'Autruche peut devenir excessivement grasse. Celle que nous avons disséquée avait deux ou trois doigts de graisse sur toutes les parties de son corps.

Cet oiseau est pourvu d'une très-grande force musculaire, surtout dans les jambes; il peut lancer derrière lui des pierres très-lourdes à une distance considérable.

La rapidité de sa course surpasse celle de tous les animaux connus; elle est telle que ceux qui la montent sans en avoir pris petit-à-petit l'habitude, sont bientôt suffoqués, faute de pouvoir reprendre leur haleine. Les ailes lui servent à accélérer cette course en frappant l'air; mais elles ne sont pas à beaucoup près assez grandes pour élever la masse de son corps au-dessus du sol.

L'Autruche a du reste très-peu d'instinct, et ne montre aucune intelligence : les peuples des pays qu'elle habite s'accordent à en faire un emblême de stupidité; ils vont jusqu'à prétendre que lorsqu'elle a caché sa tête derrière un arbre et qu'elle ne voit plus le chasseur, elle se croit elle-même à l'abri de ses regards et de sa poursuite.

Son cri est faible et rare; il ressemble presque à celui d'un pigeon. La voix du mâle ne diffère de celle de la femelle que parce qu'elle est un peu plus forte. Lorsqu'on les tourmente, ils menacent en soufflant à peu près comme les oies. Ils témoignent encore leur colère en élevant les ailes et la queue, et en les secouant. Le mâle frappait du pied contre les planches de l'enceinte où il était retenu, avec autant de force qu'on aurait pu le faire avec un marteau. Ce sont surtout les chiens dont la présence paraissait leur être le plus désagréable.

Buffon dit que les Autruches sont très-lascives et s'accouplent souvent. Thévenot assure qu'elles s'assortissent par paires, et que le mâle n'a qu'une femelle, qu'il conserve toujours.

On les a vus s'accoupler à la ménagerie. La femelle s'accroupissait; le mâle avait beaucoup de peine à s'arranger : il prenait les plumes du dos de sa femelle dans son bec, et en arrachait presque toujours quelques-unes.

La femelle a pondu cette année six œufs dans l'espace de deux mois : il y en a eu trois sans coque. Un de ceux qui étaient parfaits, et qui était aussi grand que les œufs d'Autruche qu'on apporte de leur pays natal, ayant été pesé immédiatement après avoir été pondu, s'est trouvé de deux livres quatorze onces; ce qui est bien au-dessous des rapports exagérés de quelques naturalistes, qui les font aller à quinze livres. On a préparé deux de ces œufs, et on leur a trouvé un goût préférable à celui des œufs de poule.

On a essayé d'en faire éclore; mais

sans succès : peut-être n'étaient-ils pas
fécondés, le mâle étant déjà mort lorsqu'ils ont été pondus.

Dans l'état sauvage l'Autruche pond,
selon Aristote, vingt-cinq œufs ; selon
Willughby, jusqu'à cinquante, et jusqu'à quatre-vingts, selon Élien ; mais
douze à quinze seulement par couvée,
selon Buffon, et elle fait deux ou trois
couvées par an. La coque de ces œufs
est fort épaisse, et on la sculpte pour en
faire des vases à boire ou des ornements.

Dans la zone torride, l'Autruche se
borne à placer ses œufs dans le sable, au
soleil, qui les fait éclore sans incubation ;
mais en deçà et au-delà des tropiques,
elle les couve avec soin, et par - tout elle
les garde et les défend avec courage. Elle
ne fait point de nid. On ignore le temps
nécessaire pour faire éclore les petits :
ceux-ci peuvent marcher et courir en
sortant de l'œuf.

Nous avons examiné un fétus tout prêt
à sortir de l'œuf. Il était recouvert par-

tout de plumes, même aux endroits qui
doivent être nuds par la suite. La couleur
de son plumage est d'un gris roussâtre
tacheté de noir. Il y a trois lignes longitudinales noires sur la tête et sur le
derrière du cou.

L'Atruche habite toute l'Afrique, depuis la Barbarie jusqu'au cap de Bonne-
Espérance; elle se plaît surtout dans les
déserts sabloneux. Elle est aussi très-com-
mune en Arabie, et il paraît qu'autrefois
on en trouvait plus avant en Asie, mais
qu'il n'y en a plus aujourd'hui.

Ces oiseaux se réunissent en grandes
troupes pour traverser les déserts. Les
Arabes leur donnent la chasse à cheval,
en les inquiétant sans cesse, en ayant
l'air de les observer, mais non de les
poursuivre; ils les empêchent de manger, les fatiguent, et finissent par fondre
sur elles et les assommer à coups de bâtons. On peut aussi les poursuivre avec des
chiens, et les prendre aux filets ou dans
d'autres pièges. Celles que l'on prend

vivantes s'apprivoisent aisément, se laissent parquer et mettre en troupeaux;
elles souffrent même que les hommes les
montent; mais on n'est point encore parvenu à les diriger à volonté, comme le
cheval.

La chair des vieilles est dure et de
mauvais goût; celle des jeunes, lorsqu'elles sont grasses, peut se manger.
Un des peuples de l'Abyssinie portait,
chez les anciens, le nom de *Struthiopha-*
ges, parce que cet oiseau faisait sa principale nourriture.

La peau de l'Autruche, encore garnie
de ses plumes, sert de cuirasse aux Arabes. Quant aux grandes plumes des ailes
et de la queue, tout le monde sait l'usage
qu'on en fait dans toute l'Europe pour
les coiffures de femmes, des militaires,
et pour l'ornement des lits, des dais, etc.
Ces usages remontent à la plus haute antiquité. Les soldats romains portaient de
ces plumes sur leurs casques.

Les Arabes regardent le sang de l'Autruche mêlé avec sa graisse et figé, comme un aliment agréable.

L'Autruche, habitant naturellement un des pays les plus anciennement peuplés, a aussi été un des animaux les plus anciennement connus. Il en est fait mention plusieurs fois dans l'ancien Testament : le livre de Job surtout en parle avec assez d'exactitude. Hérodote est le premier des Grecs qui en ait eu connaissance ; mais les auteurs qui l'ont suivi n'ont presque rien laissé à desirer sur son histoire, à laquelle les modernes ont eu très-peu à ajouter. Les Romains virent souvent dans leurs jeux l'Autruche, ainsi que les autres animaux singuliers de l'Afrique ; on en mangea même assez communément sous les empereurs, et l'on raconte d'Héliogabale qu'il en faisait servir des cervelles par centaines sur sa table.

Quoiqu'il existe déjà un grand nombre de gravures de l'Autruche, il n'y en a point de bonne.

4.

Celles d'*Aldrovande*, de *Gessner*, de *Jonston*, ne rendent point les vraies proportions, et pèchent toutes en ce qu'elles font les doigts égaux et qu'elles donnent un ongle au petit doigt.

Celles de *Buffon* ne donnent point l'idée de la vraie disposition des plumes; l'enluminée surtout, n°. 457, est très-mauvaise à cet égard; Celle de *Brisson*, faite d'après le même individu, participe aux mêmes défauts.

Celles de *Willughby* et de *Brown* ont la tête trop grande, probablement parce qu'elles ont été faites d'après des individus trop jeunes; la seconde rend mal les couleurs du cou et des jambes.

Celle de *Latham* rend mal les plumes des ailes et donne un ongle au petit doigt.

Struthia Camelus

L'Autruche

L'ÉLÉPHANT

DES INDES.

ELEPHANTUS INDICUS.

Le genre des Eléphants est si différent de tous les autres genres de quadrupèdes, qu'il est difficile de lui assigner sa véritable place parmi eux, à moins d'en faire un ordre à part.

Cinq doigts bien complets et bien distincts dans le squelette, semblent en faire un animal digité ; mais ils sont enveloppés, dans l'état de vie, par une substance épaisse et dure qui ne leur permet aucun mouvement, et qui constitue en apparence une sorte de sabot ; sur les bords de ce prétendu sabot, sont implantés les ongles petits et plats, qui devaient garnir l'extrémité de chaque doigt, et qui en sont cependant tellement séparés, qu'ils ne sont pas toujours placés vis-à-vis, et qu'il en manque souvent un ou deux. Les dents molaires composées de lames verticales et placées en travers, l'absence des canines, les énormes dents implantées dans l'os incisif, et plusieurs autres détails d'ostéologie, semblent rapprocher l'Eléphant de l'ordre des rongeurs; mais il s'en éloigne en ce que ces dents, incisives par leur position, ne le sont point par leur forme ni par leur usage; vu qu'au lieu de se recourber en bas pour rencontrer des incisives inférieures, elles sont ou droites ou recourbées en avant et terminées en pointe, en un mot de vraies défenses comparables à celles des Sangliers. Ces défenses à la mâchoire supérieure, et l'absence d'incisives et de canines à l'inférieure, rapprochent l'Eléphant du Morse; mais le reste de l'organisation de ces deux genres n'a rien de commun. Enfin, ce qui distingue éminemment l'Eléphant de tous les autres quadrupèdes, c'est sa *trompe*, instrument admirable, qui lui donne une adresse et une finesse de tact, supérieures à celles des Singes, et d'autant plus précieuses, que le siège en est voisin de celui de l'odorat, et que l'animal peut examiner à la fois chaque objet par ses deux sens les plus délicats, et le saisir ou le repousser après l'avoir jugé.

Comme la tête de l'Eléphant est très-pesante, et que ses longues et lourdes défenses dirigées en avant, contribuent encore à éloigner le centre de gravité du point d'appui, jamais il n'aurait pu soulever cette tête, si son cou eût été proportionné à la hauteur de ses jambes; d'un autre côté, avec un cou court et de hautes jambes, il n'aurait pu ni paître ni boire : c'est ce qui a rendu sa trompe nécessaire à son existence.

Elle est formée par un prolongement membraneux des tubes des narines, garni de muscles, et revêtu extérieurement d'une membrane tendineuse et de la peau.

Les muscles qui la meuvent sont de deux sortes ; des longitudinaux, divisés en une multitude d'arcs, dont la convexité est en dehors, et dont les deux

bouts adhèrent à la membrane interne;
et des transversaux qui vont de la membrane interne à l'externe, comme les
rayons d'un cercle; ces derniers rétré-
cissent l'enveloppe externe, sans fermer
le canal interne, avantage que des muscles circulaires n'auraient pas eu : par
cette action ils allongent la trompe en
forçant les muscles longitudinaux de s'é-
tendre. Ceux-ci en se contractant rac-
courcissent la trompe, soit en totalité
lorsque tous agissent, soit par parties,
et cela d'un ou plusieurs côtés, et dans
une ou plusieurs portions de sa longueur,
ce qui produit toutes les courbures ima-
ginables dans un ou plusieurs plans, et
même en spirale régulière ou irrégulière,
mécanisme en même temps le plus simple et le plus fécond qu'il fût possible
d'imaginer. A l'extrémité de cette trompe,
est un appendice en forme de doigt, que
l'Eléphant n'emploie que pour saisir les
plus petites choses : il peut encore en
prendre de très-petites, en ployant la

partie de sa trompe située au-dessus de l'extrémité, et on lui en voit souvent emporter à la fois des deux manières. Cette trompe est si robuste, qu'elle peut arracher des arbres, ébranler des bâtiments, lancer des masses considérables, et que l'Eléphant étouffe aisément un homme entre ces replis.

Outre ces caractères singuliers, tous les Eléphants ont encore entre eux un grand nombre de rapports d'organisation. Leurs jambes sont élevées et fort grosses; le pied est appuyé tout entier sur le sol, et si court à proportion, que la jambe a l'air d'être tronquée net comme une colonne ; leurs oreilles sont larges et pendantes, mais autrement que dans les animaux qui les ont telles par suite de l'état de domesticité, comme les chiens : en effet, dans ceux-ci c'est la partie supérieure de la conque qui retombe et couvre même l'entrée du méat auditif; dans les Eléphants, l'oreille est élargie et pendante par la partie postérieure et inférieure.

Le crâne des Eléphants est beaucoup plus grand qu'il ne faudrait pour contenir le cerveau ; tout l'intervalle de ses deux parois est occupé par une multitude de grandes cellules qui communiquent avec l'intérieur du nez, et qui servent sans doute à donner de l'étendue à l'organe de l'odorat. La trompe ne sert point par elle-même à sentir les odeurs ; l'usage que l'animal en fait pour pomper les liquides, n'aurait pas permis que sa membrane interne fût assez fine pour cela ; elle n'est donc que le conduit des vapeurs odorantes. Il n'y a qu'une ligne sur le milieu de l'occiput, où les deux parois du crâne soient rapprochées, et forment un enfoncement dans lequel s'attache le ligament cervical : c'est aussi là le seul endroit où le crâne soit aisé à percer, et par où on puisse tuer l'animal d'un seul coup de dard.

Les dents molaires de l'Eléphant ont une manière toute particulière de se développer. Chacune d'elles est un composé

d'un certain nombre de dents partielles,
placées à la file les unes des autres,
très-minces d'avant en arrière, mais oc-
cupant, dans le sens transversal, toute
la largeur de la dent totale. Ces dents sont
toutes complètes, toutes munies de leur
substance osseuse et de leur substance
émailleuse, et ayant leurs racines propres, avec les ouvertures ordinaires pour
les nerfs et les vaisseaux. Dans le germe
elles sont séparées; mais lorsqu'elles sont
prêtes à percer la gencive, elles se sou-
dent au moyen d'un ciment particulier.
Chacun de ces germes présente à son
sommet une suite de pointes obtuses,
séparées par des sillons : mais lorsqu'ils
sont sortis, ces pointes s'émoussent par
le frottement de la mastication ; elles se
changent d'abord en autant de cercles de
matière osseuse, entourés d'émail, et en
s'usant encore plus avant, ces cercles se
confondent et finissent par former un
ruban, osseux au milieu, émailleux à
ses bords, qui n'est autre chose que la

coupe transverse de la dent partielle qui s'est usée par degrés. Pendant que la dent générale diminue ainsi à sa partie supérieure, elle s'allonge par en bas, et on trouve aux vieilles dents des racines longues et distinctes, tandis que les nouvelles n'en ont pas du tout. La manière dont les dents se remplacent n'est pas moins curieuse : les premières molaires ne sont qu'au nombre de quatre, une de chaque côté dans chaque mâchoire ; au bout de quelque temps il s'en développe quatre autres, non par dessous, mais par-derrière ; l'Eléphant en a alors huit en tout, mais les secondes poussent petit-à-petit les premières en avant, et finissent par les faire tomber tout-à-fait ; alors il n'en a de nouveau que quatre. C'est l'instant où deux nouvelles paires commencent à pousser, qui font tomber à leur tour celles qui les ont précédées : cette succession se répète sept à huit fois pendant la vie de l'animal. Chaque dent nouvelle est plus grande que l'ancienne, se compose d'un plus grand nombre de dents partielles, et a besoin d'un temps plus long pour se développer.

Les défenses de l'Eléphant ont aussi une structure qui leur est propre. Elles sont composées de couches coniques emboîtées les unes dans les autres, et dont les plus intérieures sont les dernières produites : leur base est creusée d'une cavité conique, dont la pointe se prolonge en un canal étroit qui traverse l'axe de là défense, et qui se remplit d'une matière noirâtre. La coupe transverse de la défense présente des cercles qui sont eux-mêmes les coupes des couches qui la composent. On y voit de plus des lignes qui se rendent du centre à la circonférence, en se courbant en arcs de cercles, et en se croisant avec d'autres semblables courbées en sens contraires, et formant ainsi des losanges curvilignes disposées fort régulièrement. Ce sont ces losanges qui peuvent faire reconnaître sur-le-champ l'ivoire de l'Eléphant ; on ne voit rien de semblable sur celui de l'Hippopotáme, du Morse, du Sanglier, ni du Narval. La couche la plus extérieure n'a que des stries droites et dirigées vers le centre. C'est un véritable émail; mais comme il n'est guère plus dur que l'ivoire lui-même, et qu'il s'use vîte à la partie voisine de la pointe, plusieurs auteurs ont cru que les défenses de l'Eléphant étaient dépourvues de cette substance.

Les premières défenses tombent lorsqu'elles ont atteint une longueur de quelques pouces, et sont ensuite remplacées par d'autres qui deviènent ordinairement beaucoup plus longues.

La peau est rude, inégale, ridée et comme gercée dans toutes sortes de sens, et grenue comme du chagrin. On y voit très-peu de poil, les adultes n'en ont même que dans quelques parties; il y en a d'épars par-tout le corps dans les jeunes sujets. La peau est ordinairement d'un noir plus ou moins foncé lorsqu'elle est lavée, mais la poussière en cache pres-

que toujours la vraie couleur. Les ongles
sont d'un rose clair lorsqu'ils sont propres. L'épiderme ne tient à la peau que
d'espace en espace. Les intestins sont
d'une grosseur considérable ; mais l'estomac est simple et petit : le foie n'a que
deux lobes et est dépourvu de vésicule
du fiel.

Ces ressemblances générales, jointes
au peu de facilité qu'il y a de réunir et
de comparer des Eléphants de divers climats, avaient fait méconnaître jusqu'à
ces dernières années les différences de
leurs espèces : on sait aujourd'hui qu'il
y en a au moins deux très-distinctes ;
savoir : celle des côtes occidentales et méridionales de l'Afrique, et celle des Indes
orientales. Non seulement leurs formes
diffèrent ; leur instinct même n'est pas
égal, et les anciens ne l'ont pas ignoré.
Appien, *de bellis syr. lib.* 1, dit que Domitius, dans un combat, plaça les Eléphants d'Afrique après tous les autres, ne
croyant pas qu'ils pussent lui être utiles,

attendu qu'*étant d'Afrique*, ils étaient plus petits et moins courageux. Pline affirme aussi en général, que les africains sont plus petits et qu'ils redoutent ceux des Indes. Diodore, *lib.*2, dit la même chose des Eléphants d'Afrique, comparés à ceux que possédaient les Egyptiens, et qu'ils tiraient sans doute de l'Abyssinie et du reste de la côte orientale, où j'ai lieu de croire qu'on ne trouve que l'espèce des Indes.; car Ludolphe dit expressément qu'en Abyssinie les femelles n'ont point de défenses. Quoi qu'il en soit, cette espèce des Indes a la tête longue, et le front plat ou même concave; celle d'Afrique a la tête ronde et le front convexe. Les oreilles de la première sont de grandeur médiocre; elles sont si énormes dans la seconde, qu'elles couvrent toute l'épaule; mais ce qui distingue le mieux ces deux espèces, c'est que les molaires de l'Eléphant d'Afrique ont les coupes des plaques ou dents partielles qui les composent, en forme de losanges, et que celles de l'Eléphant des Indes les ont en forme de rubans ondoyants ou festonnés. Les défenses de l'Eléphant d'Afrique croissent aussi beaucoup plus vite, et arrivent à une grandeur bien plus considérable que celles de l'Eléphant des Indes, et sont à-peu-près égales dans les deux sexes, tandis que les femelles des Indes ne les ont jamais que de quelques pouces de longueur. L'ivoire d'Afrique est enfin plus dur et moins sujet à jaunir que celui des Indes ; et presque tout celui du commerce vient du premier de ces pays. Il paraît que les Eléphants diffèrent aussi les uns des autres par le nombre des ongles ; mais il n'est pas certain que cela tiène aux espèces, et que ce ne soit point une variété accidentelle.

Comme les Eléphants de la ménagerie sont de l'espèce des Indes, nous allons nous borner à recueillir les faits qui ont rapport à cette espèce.

C'est sur-tout à elle qu'on attribue cet instinct dont on a fait tant de récits exagérés, et qu'on a transformé en véritable intelligence et en sentiment moral. Cette supériorité de l'Éléphant sur les autres animaux, est en partie fondée sur des avantages réels ; la perfection de son organe du toucher ; la facilité qu'il lui donne de compléter les sensations de la vue ; la finesse de son ouie et de son odorat ; la longueur de sa vie et l'accumulation d'expériences et d'habitudes qui en résulte ; enfin, sa grandeur et sa force, qui, le faisant respecter de tous les animaux, lui garantissent un repos et une aisance constante. Cependant ces organes extérieurs, si avantageusement conformés, ne sont point animés par un système nerveux plus énergique ni plus délicat que celui des autres animaux ; son cerveau est fort petit à proportion de sa masse ; mais ces sinus dont nous avons parlé lui grossissent le crâne, et le font paraître presque aussi bombé que dans l'Homme : il résulte de cette conformation une physionomie grave et réfléchie,

qui

qui n'aura pas peu contribué à faire donner à l'Éléphant cette réputation de raison et de décence qui l'a rendu si célèbre.

Les Malais désignent l'Éléphant par un nom qui lui est commun avec l'Homme, et qui implique l'idée d'un être raisonnable. Les anciens ne se bornaient pas à reconnaître sa douceur, la facilité avec laquelle il s'apprivoise, son attachement pour son maître, sa reconnaissance pour les bienfaits, son ressentiment pour les injures, qualités qu'il possède en effet, mais qui lui sont communes avec le chien et avec d'autres animaux ; ils allaient jusqu'à lui prêter les raisonnements les plus subtils, et même une sorte de religion, un culte et des offrandes à la lune, des prières à la terre lorsqu'il est malade, et des vertus bien rares parmi les hommes, une fidélité conjugale inaltérable, et un refus constant de se faire le ministre de l'injustice. Les Indiens prétendent qu'ils se font entendre des Éléphants, et qu'ils

les gouvernent par des passions semblables à celles qui agissent sur nous, l'a-
mour de la parure et même celui de la
simple louange. Les voyageurs, flattés
d'avoir à parler d'un être aussi merveilleux, ont adopté trop facilement les récits
de ces peuples grossiers, et les naturalistes se sont trop empressés de copier
les voyageurs. Il est certain, du moins,
que l'Eléphant observé par des hommes
sages et exacts, est beaucoup déchu de la
hauteur où on l'avait placé par rapport à
ses facultés intellectuelles.

Cet animal, malgré la grosseur de sa
masse, ne manque pas de légèreté dans
ses mouvements. Il a un trot assez prompt,
et atteint aisément un homme à la course;
mais comme il ne peut se tourner rapidement, on lui échappe en se portant de
côté; les chasseurs parviennent aussi à le
tuer en l'attaquant par derrière et par
les flancs. Il remue les oreilles en courant, et les emploie quelquefois pour
se diriger en étendant celle du côté où

il veut tourner, et présentant par-là une résistance plus grande à l'air. Il a peine à descendre les pentes trop rapides, et il est obligé de ployer alors ses pieds de derrière pour ne pas être emporté par la masse de sa tête et de ses défenses.

Les Romains ont eu des Éléphants qui dansaient et qui avaient appris à marcher rapidement parmi des hommes couchés sans en blesser aucun ; ils en ont eu même qui ont dansé sur la corde, ce qui serait presque incroyable, si plusieurs auteurs dignes de foi, ne s'accordaient à l'affirmer.

Le corps de cet animal étant plus léger que l'eau, il traverse très-aisément les rivières à la nage, et n'a pas besoin, comme le disent les anciens, de marcher sur leur fond en élevant sa trompe vers la surface pour respirer.

Il préfère les lieux humides et couverts, et le bord des fleuves à tout autre séjour : l'excès du chaud ne le fait pas moins souffrir que celui du froid. Il a un besoin continuel de l'humidité pour ramollir sa peau dure, ridée, et sujète à se fendre et à s'excorier ; non seulement il en prend sans cesse dans sa trompe, dont il asperge son dos, son plus grand plaisir est de s'y plonger, de s'y jouer de mille manières ; lorsqu'il en manque, il cherche à y suppléer en se poudrant de poussière fraîche, de brins d'herbe, de paille.

Sa nourriture ordinaire consiste en herbes, en racines, en jeunes branches ; il aime par-dessus tout les fruits et les plantes sucrées, comme la canne à sucre et le maïs.

L'instinct naturel des Eléphants les porte à la société : ils se tiènent en grandes troupes dans l'intérieur des forêts, dont ils ne sortent que rarement, et lorsqu'il s'agit de dévaster quelques champs voisins de leurs lisières. Ces troupes ou hardes comprènent depuis quarante jusqu'à cent individus de tout âge et de tout sexe ; ils marchent sous la conduite d'une des plus grandes et des plus vieilles femelles, et d'un des plus grands mâles; lorsqu'ils sortent des bois ou qu'ils remarquent quelque apparence de dangers, ils observent un ordre de marche déterminé ; les plus jeunes et les femelles sont placés au milieu ; les vieux mâles forment un cercle autour ; les petits viènent se mettre sous la protection des femelles qui les embrassent de leur trompe.

On voit aussi quelques Eléphants solitaires : les Indiens les nomment *Grondahs*; ce sont toujours des mâles, et on croit qu'ils ont été chassés des hardes par la jalousie des autres individus de leur sexe. Ils ont une sorte de fureur qui les rend beaucoup plus dangereux que les autres ; ils sortent très-souvent des bois, attaquent les hommes sans en être provoqués, dévastent les champs, renversent les hutes des paysans, tuent le bétail ; les fermiers sont obligés de faire la garde contre eux, dans des guérites qu'ils se construisent exprès en bambou, pour n'être pas eux - mêmes la proie des

Tigres. Lorsqu'ils apperçoivent un de ces Eléphants, ils se donnent réciproquement l'allarme, et le repoussent à force de cris et de coups d'armes à feu. Quand ces animaux pénètrent dans les villages, ils y font des dégâts affreux ; la flamme est le plus sûr moyen de les faire fuir. Les Eléphants qui vivent en troupes ne sont dangereux que quand on les irrite, et un homme peut passer auprès d'eux sans qu'ils y fassent attention.

On a été long-temps dans l'ignorance sur tout ce qui a rapport à la reproduction de cette espèce. Les Éléphants domestiques ne s'accouplent point pour l'ordinaire, et les sauvages ne s'accouplent que dans le fond des bois et hors de la vue de l'homme. On a attribué long-temps cette retenue à une pudeur virginale, ou au desir de ne point léguer leur esclavage à leur postérité, et on a suppléé d'imagination les détails dont l'observation n'avait pu instruire. De là les erreurs répandues sur la posture dans laquelle ils s'accouplent, sur la durée de leur gestation, sur la manière dont le petit tète, et autres semblables.

Un anglais, M. Corse, en donnant à des Éléphants une nourriture échauffante, et en les présentant à propos l'un à l'autre, a réussi à être plusieurs fois témoin de leurs accouplements, et il en a observé avec soin les circonstances et les suites.

Cet accouplement est entièrement semblable à celui du cheval et dure à-peu-près autant de temps. Il n'y a point de saison particulière pour l'amour ; les femelles que l'on prend pleines mettent bas en toutes sortes de mois. Le principal signe de la chaleur dans la femelle, selon ce que nous avons observé sur celle de la ménagerie, est un déplacement singulier de la vulve. Dans l'état ordinaire cette partie est située plus vers le nombril, et l'urine se dirige en avant ; mais dans le temps dont nous parlons, elle change de position, se porte petit-à-petit en arrière et y fait jaillir l'urine. C'est ce qui explique pourquoi la femelle n'a pas besoin de se coucher sur le dos , comme on l'a cru long-temps. Les lèvres de la vulve sont aussi alors fort longues et fort ouvertes. Le mâle ne donne d'autres signes de chaleur que des érections fréquentes ; sa verge s'allonge tellement qu'elle traîne presque à terre , et elle a six ou huit pouces de diamètre. Ceux qui ont prétendu qu'elle n'était point proportionnée à la grandeur de son corps , ne l'avaient sans doute jamais vue dans cet état.

On avait cru que l'écoulement d'une humeur visqueuse , qui a lieu par les trous situés derrière ses oreilles , était aussi un indice de rut : cette opinion n'a rien d'exact.

La femelle de M. Corse donna des signes de grossesse trois mois après avoir été couverte ; ses mamelles s'enflèrent , et elle mit bas un jeune mâle , bien à terme , au bout de vingt mois et dix-huit jours. Ce qu'on a observé sur les femelles sauvages, prises pleines, donne aussi lieu de croire que le temps de la gestation est de vingt à vingt-deux mois. Marcel Bles a donc eu tort en annonçant qu'il n'était que de neuf, et quelques anciens en ne l'étendant qu'à dix-huit. Le petit naissant a trois pieds de haut : il tète certainement avec la bouche, et non avec la trompe, comme on l'a cru long-temps; il applique sa bouche au mamelon par le côté; et, dans les premiers jours il aurait beaucoup de peine à y atteindre si la mère ne se baissait un peu.

Dans les hardes les petits tètent indistinctement toutes les femelles qui ont du lait; on a été témoin de ce fait lorsqu'on a pris à-la-fois des hardes entières. On a aussi remarqué que si on enlève un petit à sa mère, et qu'on l'en tiène séparé pendant deux jours, elle ne le reconnaît plus, quoiqu'il la cherche et lui demande la mamelle avec des cris.

5.

Le jeune Eléphant tète pendant deux ans, et atteint près de quatre pieds la première année; il en a quatre et demi la seconde, et cinq la troisième : il continue à croître, mais de quantités moins grandes chaque année, jusqu'à vingt ou vingt-deux ans. Les Eléphants actuels des Indes sont moins grands, selon M. Corse, que ceux dont les voyageurs précédents ont parlé. Les femelles ont ordinairement de sept à huit pieds ; les mâles de huit à dix. Le plus grand dont cet observateur ait entendu parler, avait douze pieds deux pouces (anglais) depuis le sommet de la tête jusqu'à terre ; sa hauteur au garrot était de dix pieds cinq pouces, et sa longueur de quinze pieds. Sur cent cinquante Éléphants employés dans la première guerre contre Tipoo, il n'y en avait pas un seul de dix pieds. Mais on en trouve de décrits dans les anciennes relations, qui avaient quatorze et jusqu'à seize pieds de hauteur. Le cabinet de Pétersbourg en possède un squelette de quatorze pieds.

L'individu dont il provient avait été donné à Pierre-le-Grand par un roi de Perse. Le grand Turc en avait donné un au roi de Naples, vers 1745, qui avait treize pieds et demi.

La femelle est prête à recevoir le mâle dès l'âge de seize ans, et peut-être plus tôt. On n'a rien d'assuré sur l'âge auquel l'Éléphant peut pousser la vie; mais on en a conservé en domesticité jusqu'à cent-vingt ou cent-trente ans; et d'après la lenteur de son accroissement, il est probable qu'il peut vivre, dans l'état de sauvage, jusqu'à près de deux siècles.

Les défenses de lait tombent le douzième ou le treizième mois; celles qui leur succèdent ne tombent plus, et croissent toute la vie dans l'Eléphant des Indes; mais nous n'osons affirmer que l'opinion déjà avancée par Élien et soutenue depuis par quelques modernes, que les Éléphants en changent à diverses reprises, comme les cerfs de bois, soit fausse par rapport à l'espèce d'Afrique.

Les plus grandes défenses qu'on ait vues au Bengale, pesaient soixante-douze livres : dans la province de Tinera elles ne vont point au-delà de cinquante livres. On en montre cependant à Londres, qu'on dit venir du royaume de Pégu, et qui pèsent un quintal et demi.

Les molaires de lait paraissent huit ou dix jours après la naissance : elles ne sont bien formées qu'au bout de six semaines, et ce n'est qu'à trois mois qu'elles sont complètement sorties. Les secondes molaires sont bien sorties à deux ans ; les troisièmes commencent alors à se développer. Elles font tomber les secondes à six ans, et sont à leur tour poussées par les quatrièmes qui les font tomber à neuf ans. Il y a encore d'autres successions semblables, mais on n'en connaît pas bien les époques. On croit que chaque dent a besoin d'un an de plus que la précédente pour être parfaite. Les premières sont composées de quatre lames ou dents partielles, les secondes de huit ou neuf, les troisièmes de treize ou quatorze, les quatrièmes de quinze, et ainsi de suite jusqu'à la sept ou huitième qui en a vingt-deux ou vingt-trois, ce qui est le plus grand nombre que l'on ait encore observé.

Les Éléphants des Indes présentent diverses variétés relatives à la taille, à la couleur et à la grandeur proportionnelle des défenses. Leur couleur naturelle est un brun noirâtre, qui se change d'ordinaire en gris sale, parce qu'ils sont presque toujours couverts de poussière : on en a rencontré quelquefois dans les bois qui avaient une teinte rougeâtre, due, selon un voyageur très-moderne, à une sorte de terre glaise dont ils s'enduisent. Les Éléphants blancs sont tels par une maladie semblable à celle qui produit les albinos. Ils sont singulièrement révérés par les Indiens qui croyent à la métempsycose : ces Éléphants sont animés, selon eux, par les ames de leurs anciens rois. Les rois de Siam, de Pégu et d'autres contrées de la presqu'île au-delà du Gange, plaçaient dans leurs titres celui de possesseurs de l'Éléphant blanc; ils le logeaient et le faisaient servir avec magnificence.

Nous avons déjà vu que les femelles des Indes n'ont jamais que de très-courtes défenses : il y a des mâles qui n'en ont pas de plus longues, sans qu'on en sache aucune raison. On les appèle *Mookna.* Ceux qui les ont longues se nomment *Dauntelah*, du mot *daunt* qui est le même que notre mot *dent.* Cette différence n'en apporte pas dans le prix. Lorsqu'on ne connaît pas le caractère d'un Éléphant, les Européens aiment mieux l'acheter sans grandes défenses, parce qu'il aura moins de moyens de nuire s'il se trouve méchant : mais les Indiens préfèrent assez les individus à longues défenses pour s'exposer à tous les risques. Lorsque le bon naturel de l'animal est connu, les deux nations l'aiment mieux avec de grandes défenses.

Il y a une infinité de variétés parmi les *Dauntelahs*, par rapport à la direction et à la courbure de leurs défenses. Les plus estimés sont ceux où elles approchent le plus de la direction horizontale. Les princes Indiens ont aussi un respect superstitieux pour les *Dauntelahs* qui n'ont qu'une défense, comme cela arrive quelquefois.

Une différence plus importante par rapport au prix et à l'utilité, c'est celle qu'on fait entre les *Komaréah* et les *Merghée*; les premiers sont des Éléphants à corps épais, long, à jambes courtes; ils sont plus robustes, résistent plus long-temps à la fatigue et sont bien plus estimés. Les seconds ont le corps plus haut, plus court, et les jambes plus longues : il y a entre les uns et les autres plusieurs degrés intermédiaires. Toutes ces variétés se rencontrent indifféremment dans les mêmes hardes.

Les Éléphants domestiques ne produisant point jusqu'à présent, ceux qui sont dans cet état ont tous été sauvages, à moins qu'ils ne soient nés de mères prises pleines. On les prend aux Indes de deux manières, en troupes et isolés : une troupe entière se prend en l'entourant d'un grand nombre d'hommes armés, placés sur deux cercles, qui l'effrayent par le bruit des tams-tams, des armes à feu, et par l'éclat de la flamme, et qui se prêtent un secours mutuel pour empêcher les Éléphants de s'échapper de tout autre côté que celui où ils veulent les conduire. On les force ainsi d'entrer dans une enceinte pratiquée à cet effet, et fermée de larges fossés et de palissades composées d'arbres plantés profondément et soutenus par des barres transverses et par des arcs-boutants ; l'entrée de cette enceinte est garnie de feuillages, et ressemble autant qu'il est possible à un sentier ordinaire de forêt ; cependant la conductrice de la harde hésite long-temps avant de s'y engager ; une fois qu'elle y entre, tous les autres Éléphants la suivent sans difficulté. Alors

la porte de l'enceinte se referme par des
pieus et des feux allumés; des cris, des
flambeaux, le bruit des instruments ar-
rêtent les Éléphants dans tous les efforts
qu'ils tentent pour passer le fossé et ren-
verser la palissade. On leur donne leur
nourriture d'un échafaud placé près de
l'entrée d'un long couloir, dans lequel
on les attire de cette manière un à un,
et qui est assez étroit pour qu'ils ne puissent s'y tourner; sitôt qu'un d'eux est
entré dans ce couloir on en ferme la
porte; on l'arrête devant et derrière par
des barres qu'on place en travers : on
prend ses pieds dans des nœuds coulants; un homme va par derrière lui
enlacer les jambes ; d'autres hommes,
placés sur des échafauds , lui prènent
la tête et le corps dans de grosses cordes ,
et l'on donne à tenir ces cordes à des
femelles apprivoisées qui ne tardent pas
à se rendre maîtresses de l'Éléphant et
à dompter sa fureur.

Il ne faut pas tant de préparatifs pour

prendre les Éléphants isolés ; comme ce sont toujours des mâles chassés de leurs hardes , on envoie immédiatement des femelles apprivoisées, dressées pour cet usage , qui les entourent en ayant l'air de paître avec eux. Des hommes passent entre les jambes de ces femelles, pour venir lier celles de l'Éléphant sauvage ; s'il arrivait quelque accident, ils se hâteraient de monter sur le dos des femelles , au moyen d'échelles de cordes ménagées à cet effet, et de s'enfuir ; mais ordinairement ils parvièrent à lier l'Éléphant et à l'attacher à quelque gros tronc d'arbres.

De quelque manière que les Éléphants ayent été pris , leur éducation est la même. On les livre chacun à un gardien assisté de quelques valets qui les habituent à l'esclavage , par un mélange de caresses et de menaces, en les grattant avec de longs bambous , en les aspergeant d'eau pour les rafraîchir, en leur donnant ou refusant à propos la nourriture.

Quelquefois aussi ils emploient les châtiments, et les frappent avec des bâtons garnis d'une pointe de fer. Le maître s'en approche ainsi par degrés, jusqu'à ce qu'enfin l'Éléphant lui permette de monter sur son cou, d'où il parvient bientôt à diriger à son gré tous ses mouvements. Il faut environ six mois pour en venir à ce point de docilité ; cependant on ne peut jamais s'y fier entièrement, et lorsqu'un Éléphant veut s'enfuir, tous les efforts de son conducteur ne peuvent l'arrêter. Les mâles, sur-tout ceux qui ont été pris isolément, sont toujours moins traitables et exigent plus de sévérité que les femelles.

On a dit que l'Éléphant a tant de mémoire, que lorsqu'il est échappé une fois de l'esclavage, il ne se laisse reprendre dans aucune embuche. Les auteurs les plus récents citent des exemples contraires.

Cet animal est un des plus utiles que l'homme ait domptés ; sa force est prodigieuse ; il porte jusqu'à deux milliers ; il tire des fardeaux que six chevaux pourraient à peine ébranler ; il fait, sans fatigue, quinze ou vingt lieues par jour, et lorsqu'on le presse il en fait plus de trente. Il joint à ces avantages tous ceux qui résultent de son intelligence ; comme de retrouver seul son chemin, d'imaginer des ressources dans les embarras, et ceux que lui donnent son adresse et la forme heureuse de sa trompe. Tout le monde sait qu'on l'employait autrefois à la guerre, qu'on le chargeait de soldats, et qu'on lui assignait une place importante dans les batailles ; mais il craint trop le feu pour qu'on puisse aujourd'hui en faire le même usage ; il ne sert plus qu'au transport des vivres et de l'artillerie.

Sa consommation est proportionnée à son utilité ; un Éléphant privé mange cent livres de riz par jour, à quoi il faut ajouter de l'herbe fraîche, des fruits, et même du beurre et du sucre ; celui qui a vécu à la ménagerie de Versailles, à la fin du dix-septième siècle, recevait chaque jour quatre-vingts livres de pain, douze pintes de vin, deux seaux de potage, deux de riz cuit dans l'eau et une gerbe de bled. L'Éléphant aime beaucoup toutes les liqueurs spiritueuses, et c'est en lui en montrant qu'on parvient à le déterminer aux plus grands efforts.

Les deux Éléphants de la ménagerie du Muséum consomment à présent chacun cent livres de foin, dix-huit livres de pain, quelques bottes de carottes et quelques mesures de pommes de terre, sans compter ce que les curieux leur donnent sans cesse. Ils mangent toute la journée sans aucune heure marquée. En été ils boivent jusqu'à trente seaux d'eau chacun.

Ils sont en ce moment âgés de près de dix-huit ans, et ont huit pieds quatre pouces de hauteur : ils sont crus d'un pied quatre pouces depuis trois ans qu'ils sont à Paris. Lorsqu'on les amena en

Europe, en 1786, ils n'avaient que deux ans et demi, et trois pieds six pouces de haut : ils ne mangeaient alors que vingt-cinq livres de foin chacun.

Ils sont nés à Ceylan, et de la plus grande race. La compagnie hollandaise des Indes en avait fait présent au Stadhouder ; on les amena par eau jusqu'à Nimègue, et de là à Loo par terre et à pied. Il fut très-difficile de leur faire passer le pont d'Arnheim, tant ces animaux sont défiants ; il avait fallu les faire jeûner, et on les engageait à avancer en leur offrant de loin leur nourriture ; encore ne faisaient-ils aucun pas sans avoir essayé de toutes les manières la solidité de chaque planche sur laquelle ils devaient poser un de leurs pieds.

Ils furent très-doux tant qu'ils restèrent à Loo ; on les laissait aller librement partout ; ils montaient même dans les appartements, et venaient pendant le repas recevoir les friandises que chacun leur donnait ; mais à l'époque de la con-

quête de la Hollande, un grand nombre
de personnes étant venues les voir à
toute heure, et ne les ayant pas toujours
traités avec discrétion, ils ont beaucoup
perdu de leur douceur. La gêne qu'ils
ont éprouvée dans les énormes cages qui
ont servi à les transporter à Paris, a encore altéré leur nature, et on n'ose à
présent les laisser en liberté ; mais on les
tient dans un parc assez étendu pour
qu'ils puissent y prendre les mouvements
nécessaires à leur santé ; ils ont un bassin
pour se baigner ; ils entrent et sortent
librement de leur écurie ; leur croissance
rapide prouve qu'ils sont très-bien por-
tants.

Ces deux individus ont l'un pour l'autre l'attachement le plus tendre ; lorsque
l'un des deux témoigne quelque effroi,
l'autre accourt sur-le-champ à son aide ;
c'est sur-tout lorsqu'ils sont frappés par
quelque objet nouveau pour eux, que
leurs caresses redoublent de vivacité ;
alors ils courent de côté et d'autre, ils

jètent des cris, ils se caressent de leur trompe ; le mâle donne des signes d'une ardeur à laquelle il est ordinairement fort étranger. Jamais ces mouvements ne furent plus marqués qu'à leur arrivée à Paris, lorsqu'ils se retrouvèrent après une longue séparation : on eut même un instant l'espoir qu'ils en viendraient à une union réelle ; mais cet espoir a été trompé jusqu'ici.

Ils ont éprouvé absolument les mêmes choses lorsqu'on leur donna un concert et lorsqu'on leur eut construit un bain ; dans la première occasion, se joignirent aux effets ordinaires de la surprise, les impressions immédiates des instruments ; celles-ci ne me parurent cependant pas plus vives que celles qu'on observe sur les chiens ; elles se bornèrent à des hurlements, des cris et quelques sauts cadencés ; mais leurs tentatives amoureuses furent ce jour-là très-fortes et très-répétées, quoique sans succès.

Ces animaux ont trois cris ; un de la trompe

trompe, qui est plus aigu et qu'ils ne
ne semblent faire entendre que pour
jouer entre eux ; un faible de la bouche,
par lequel ils demandent leur nourriture
ou leurs autres besoins, et un très-violent
de la gorge, lorsqu'ils éprouvent quelque effroi. Ce dernier est réellement terrible.

Ils sont généralement doux, ne cherchent point à nuire, connaissent et aiment leurs gardiens ; mais ils deviènent
méchants lorsque les glandes qu'ils ont
derrière les oreilles viènent à couler :
alors leurs gardiens en éprouvent de
mauvais traitements, et ils se battent
même entre eux. Il n'y a cependant que
le mâle qui ait cet écoulement ; il ne l'a
eu qu'à quinze ans. On ne sait si la femelle doit l'avoir, quoiqu'elle ait une
ouverture semblable à celle du mâle. Cet
écoulement dure quarante jours, il s'arrête ensuite pendant quarante autres jours
et revient. L'humeur qu'il produit est
visqueuse et fétide. C'est pendant les der-

niers jours de l'écoulement qu'ils sont le plus méchants ; ils en viénent même jusqu'à refuser le manger ; mais ce refus est un signe certain que leur état va cesser.

Homère parle souvent de l'ivoire, mais il n'a point connu l'Éléphant. Hérodote a dit le premier que cette substance vient des dents de cet animal. Les premiers Grecs qui ayent vu l'Éléphant, furent Alexandre et ses Macédoniens lorsqu'ils combattirent contre Porus. Il faut qu'ils les ayent bien observés ; car Aristote donne de cet animal une histoire complette, et beaucoup plus vraie dans tous ses détails que celles de nos modernes. Après la mort d'Alexandre, ce fut Antigonus qui eut le plus d'Éléphants. Pyrrhus en amena le premier en Italie, l'an de Rome 472, et comme il était débarqué à Tarente, les Romains donnèrent à ces animaux qui leur étaient inconnus, le nom de bœufs de Lucanie. Curius-Dentatus qui en avait pris quatre sur Pyr-

rhus, les amena à Rome pour la céré-
monie de son triomphe. Ce sont les premiers qu'on y ait vus ; mais ils y devin-
rent bientôt en quelque sorte une chose
commune. Métellus ayant vaincu les
Carthaginois en Sicile, l'an 502, fit conduire leurs Éléphants à Rome sur des
radeaux, au nombre de 120 suivant Sénèque, et de 142 suivant Pline. Claudius-
Pulcher en fit combattre dans le Cirque
en 655. Lucullus, Pompée, César, Claude
et Néron firent voir aussi des combats,
soit d'Éléphants entre eux, soit d'Éléphants contre des Taureaux ou même
contre des Hommes. Pompée en attela à
son char, lors de son triomphe d'Afrique. Germanicus en montra qui dansaient
grossièrement. Ce fut sous Néron qu'on
en vit un danser sur la corde, monté par
un chevalier romain. On peut lire dans
Élien le détail des tours extraordinaires
qu'on était parvenu à leur faire exécuter.
Il est vrai qu'on les exerçait dès le premier âge ; Élien dit même expressément

que c'étaient des Éléphants nés à Rome,
que l'on dressait ainsi; ce qui, joint aux
essais de M. Corse, doit nous faire espérer qu'il sera possible de multiplier
cet utile animal en domesticité.

L'Europe moderne n'a pas vu beaucoup d'Éléphants; je ne crois pas même
qu'aucun naturaliste ait eu occasion d'en
comparer les deux espèces ni en vie, ni
empaillées. Les auteurs qui en ont le
mieux traité, après Aristote, sont Perraut et Corse : les autres naturalistes
n'ont presque donné que des compila-
tions où se sont glissées beaucoup d'erreurs.

Les figures en sont nombreuses, et il
y en a dans le nombre plusieurs d'assez
exactes. Telles sont celles de Jonston, de
Buffon, qui représentent l'Éléphant des
Indes, et celle de Perraut, la seule qui
donne une idée juste de l'Éléphant d'A-
frique.

La figure de Gessner, qui représente
aussi cette dernière espèce, est mauvaise,

Elephantus Indicus   l'Eléphant des Indes.

Celle d'Aldrovande n'en est qu'une copie. Celle d'Édwards, planche 221, appartient à l'Éléphant des Indes; elle est médiocre. Séba en représente fort bien le fétus, planche III du premier volume.

Perraut en a donné une assez bonne anatomie; mais elle sera bien surpassée par celle du célèbre Pierre Camper, dont son fils nous fait espérer la prochaine publication.

LE DROMADAIRE.

CAMELUS DROMEDARIUS.

Le Chameau qui n'a qu'une seule bosse, portait chez les anciens le nom de *Chameau d'Arabie*; c'est ainsi du moins que l'appèlent Aristote et Pline, par opposition à celui à deux bosses qu'ils nomment *Chameau de Bactriane*. En effet, la première de ces espèces est la seule que les Arabes employent et qu'ils ayent conduite dans les divers lieux où ils se sont établis, en Syrie, en Babilonie et dans tous les pays qui s'étendent le long des côtes de l'Afrique, depuis l'Abyssinie jusqu'au royaume de Maroc. Il y a dans cette espèce une race plus petite et beaucoup plus rapide à la course, qu'on appèle en arabe *Maihari* ou *Raguahil*. Diodore et Strabon l'ont nommée Κάμηλος Δρομάς, ou *Chameau coureur*, d'où les modernes ont fait le mot *Dromadaire*, qu'ils ont étendu, contre en étymologie, et contre l'usage des

Grecs et des Arabes, à toute l'espèce du Chameau d'Arabie. Comme cette extension, consacrée par Buffon et par Linnæus, a été adoptée par tous les naturalistes, nous ne nous en écarterons point dans cet article, et c'est dans ce sens général que nous y emploierons le mot *Dromadaire*.

Le *Dromadaire*, et surtout sa race proprement ainsi nommée, est d'une taille moindre que les *Chameaux* ordinaires. Il faut remarquer cependant que le père Duhalde parle aussi d'une petite race de Chameaux à deux bosses, qui se trouve à la Chine ; mais les naturalistes ne la connaissent point. Les Dromadaires ont depuis cinq jusqu'à sept pieds de hauteur au garrot. Leur bosse est placée sur le milieu du dos, arrondie et jamais tombante. Leur museau est moins renflé que celui des Chameaux : leur poil, doux, laineux, est fort inégal, et plus long qu'ailleurs sur la nuque, sous la gorge et sur la bosse. Sa couleur est d'un blanc

sale dans la jeunesse, et devient avec
l'âge d'un gris roussâtre plus ou moins
foncé. Il y a comme dans le Chameau,
des callosités dénuées de poils au coude
et au genou dés jambes de devant, à la
rotule et au jarret de celles de derrière,
et une beaucoup plus grande sur la poitrine. C'est sur ces callosités que les Dromadaires se couchent, et quelques personnes ont pensé qu'elles sont produites
à la longue par les contusions que doivent
donner à ces animaux leurs chûtes répétées; cependant les jeunes les apportent
en naissant. L'intérieur du Dromadaire
ne diffère en rien d'important de celui
du Chameau.

On ne sait pas bien d'où cette espèce
est originaire; quelques auteurs disent
qu'on en trouve de sauvages sur les frontières méridionales de la Sibérie et vers
les confins de la Chine; mais il n'est pas
certain que ce ne soient point des des-
cendants d'individus échappés à l'esclavage.

On n'a pas des Dromadaires domestiques aussi avant vers le Nord que des
Chameaux. Les Persans les estiment
beaucoup moins que ceux-ci, et il n'y en
a presque point au nord de la Perse.
Tous les Chameaux tartares ont deux
bosses : l'Inde n'emploie ni l'une ni
l'autre espèce, et il n'y en a point non
plus au sud du Sénégal.

C'est de tous les animaux domestiques
le plus nécessaire dans les pays que les
Arabes habitent ou parcourent. Sans la
sobriété étonnante du Dromadaire, sans
la faculté dont il jouit de supporter long-
temps la soif, sans sa facilité à traverser
rapidement d'immenses espaces couverts
d'un sable brûlant, il n'y aurait plus de
communication entre l'Égypte et l'Abyssinie, entre la Barbarie et les contrées
situées au-delà du Saara, entre la Syrie
et la Perse ; l'Arabie heureuse serait absolument isolée du reste de la terre.

Les grands Dromadaires portent depuis sept cents jusqu'à mille ou douze

cents pesant, et font, ainsi chargés, dix lieues par jour; mais le Dromadaire de course, qui ne porte point de fardeaux, en fait jusqu'à trente, pourvu que ce soit en plaine et dans un terrain sec. Ils deviènent presque inutiles dans les pays pierreux et montueux, et plus encore dans les pays humides : l'humidité leur fait enfler les jambes, et on les voit tomber subitement : c'est ce que notre armée d'Orient observa en Syrie, pays où il pleut souvent. L'une et l'autre variété marche ainsi pendant huit ou dix jours, ne mangeant que des herbes sèches et épineuses qui croissent dans le désert; lorsque la route dure plus long-temps et qu'on veut les maintenir en bon état, on y ajoute de l'orge, des fèves ou des dattes en petite quantité, ou enfin quelques onces d'une pâte faite de fleur de farine ; si on se dispense de ce soin, le Dromadaire ne laisse point d'aller encore, mais il maigrit, et sa bosse diminue au point de disparaître presque entièrement. Le

Chameau à deux bosses ne pourrait supporter une aussi longue diète. Le Dromadaire peut se passer de boire pendant sept ou huit jours, selon tous les voyageurs, et jusqu'à quinze selon Léon l'Africain. Après une si longue abstinence, il sent l'eau de très-loin, et s'il s'en rencontre à sa portée, il y court rapidement, bien avant qu'on puisse la voir. On maintient cette habitude même dans le temps de repos, en ne lui donnant à boire qu'à des époques éloignées.

On leur apprend dès leur jeunesse à s'agenouiller pour se faire charger ; ils ne se relèvent point lorsqu'ils sentent que le fardeau est trop lourd pour leurs forces : il y en a qui se chargent seuls, en passant la tête sous l'espècee de bât auquel les ballots sont attachés. On est obligé de faire un bât particulier pour chaque individu, et d'avoir soin qu'il ne touche pas le haut de la bosse, autrement celle-ci se meurtrirait, et la gangrène et les vers s'y mettraient bientôt : quand cet inconvénient arrive, on met sur la plaie du plâtre râpé bien fin qu'il faut changer souvent. Ils aiment la musique, et c'est en chantant qu'on leur fait faire plus de chemin lorsqu'on est pressé. On en a vu exécuter des espèces de danses au son des instruments.

Ces animaux sont très-doux, excepté dans le temps du rut où ils sont comme furieux; on dit qu'à cette époque ils se ressouviènent de tous les mauvais traitements qu'ils ont reçus, et qu'ils cherchent à s'en venger si leurs auteurs se présentent à eux. Ils ruent et mordent, quelquefois ils écrasent des hommes sous leurs pieds. Pendant quarante jours ils ne mangent presque rien, et deux grosses vessies leur sortent à chaque instant de la bouche, avec un râlement très-désagréable.

On coupe tous les mâles de service, et on n'en conserve qu'un seul entier pour huit ou dix femelles. On brûle même les parties extérieures des femelles que l'on veut employer, afin de prévenir les désordres que la chaleur occasionnerait.

C'est au printemps que le rut commence ; la femelle est couchée sur ses jambes pendant l'accouplement qui n'a lieu qu'avec beaucoup de peine et après que le mâle a été long-temps excité. La gestation est de douze mois : il ne naît qu'un seul petit ; Shaw rapporte qu'il naît aveugle, ce qui serait singulier pour un ruminant ; il n'a que deux pieds de haut en naissant ; mais il croît si vîte dans les premiers moments de sa vie, qu'au bout de huit jours il a déjà près de trois pieds : il tète pendant un an, et n'a atteint toute sa grandeur qu'à six ou sept ans. Le Dromadaire peut en vivre quarante ou cinquante. Oléarius assure que le Chameau à deux bosses et le Dromadaire produisent ensemble des individus inféconds comme les mulets, et que ces individus sont plus estimés que les races originelles. Un Chameau mâle a fait concevoir à Paris, en 1752, un

Dromadaire femelle ; mais le petit qui était fort chétif ne vécut que trois jours.

La chair des jeunes Dromadaires est aussi bonne que celle du Veau ; les Arabes en font leur nourriture ordinaire ; ils la conservent dans des vases où ils la couvrent de graisse. Ils en mangent aussi le lait qui est épais et nourrissant, et dont ils préparent du beurre et du fromage. La femelle donne du lait dès l'instant où elle a mis bas, jusqu'à celui où elle a conçu de nouveau. Le membre du mâle préparé, sert de fouet pour monter à cheval.

Le poil du Dromadaire s'emploie à plusieurs sortes d'étoffes, des feutres et d'autres préparations ; on tond ces animaux en été, on les couvre d'huile et on les laisse ainsi plusieurs heures par jour couchés au soleil. Il n'est pas jusqu'à sa fiente qui ne soit une ressource dans ces pays arides ; c'en est le principal combustible, et on prépare avec la suie qui en résulte, une quantité de sel ammoniac; aussi le Dromadaire a-t-il fait de temps immémorial la principale richesse des Arabes pasteurs, et c'est par le nombre de ces animaux qu'ils possèdent qu'on estime la fortune des particuliers. Les paysans égyptiens, ou *fellahs*, ont aussi beaucoup de Dromadaires dont ils prennent grand soin. Ils ne les emploient pas au labourage, mais au transport des marchandises, et à tourner les roues qui leur servent à arroser leurs champs.

La ménagerie possède deux dromadaires qui ont été donnés à la République, en l'an 1798, par le Dey d'Alger; ils étaient alors âgés d'environ trois ans, hauts de quatre pieds six pouces en y comprenant la bosse : leur poil était presque blanc, excepté sur le haut de la bosse où il tirait déjà un peu sur le roux. Aujourd'hui la femelle a six pieds et demi et le mâle sept pieds, et l'un et l'autre sont devenus presque entièrement d'un gris roussâtre. En Egypte on regarde les Dromadaires les plus gris comme les plus forts : il y en a aussi de blancs et noirs, mais ils sont très-rares.

Leur mue commence au mois d'avril ; elle ne va pas, comme dans le Chameau, au point de leur faire perdre tout leur poil ; elle n'est même pas plus rapide que celle du Cheval et des autres animaux de notre climat. Sa durée est de deux mois, et ce sont les poils de la bosse qui changent les derniers. Le rut précède la mue. Il commence au mois de février et dure aussi deux mois. Le mâle a, pendant tout ce temps, un écoulement semblable à celui que nous avons décrit dans le Chameau ; la femelle n'en a aucun, mais ses mamelles augmentent considérablement. Ni l'un ni l'autre n'a perdu l'appétit à cette époque, ni n'a fait voir ces vessies qui sortent de la bouche des Dromadaires dans les pays chauds. Peut-être cela vient-il de ce qu'ils sont encore trop jeunes, et que leur chaleur n'est pas complette. Les essais qu'ils ont faits pour s'accoupler n'ont pas encore eu de succès; le mâle forçait la femelle de se placer à coups de pieds et de dents; elle tombait à genoux seulement sur les pieds de devant, et non tout à fait couchée comme disent les voyageurs.

Le mâle mange trente livres de foin par jour; la femelle vingt; ils boivent à peu près un seau d'eau chacun. Leurs excréments ressemblent, pour la forme et pour la couleur, à de grosses olives. Ils urinent comme les Chameaux.

La femelle est fort douce; mais le mâle est assez méchant; il cherche à presser ceux dont il est mécontent contre un mur ou contre une cloison et à les écraser.

On les emploie depuis quelque temps à faire marcher une pompe, et ils s'en acquittent fort bien. Les jours de travail on leur donne un peu d'avoine ou de son.

Le Chameau et le Dromadaire étaient parfaitement connus des anciens. Aristote donne du dernier une histoire assez détaillée, et où, comme à son ordinaire, il avait évité la plupart des erreurs ad-

mises par ses successeurs; il est cependant le premier où l'on trouve la fable
de l'aversion de cet animal pour l'inceste.
Pline y a ajouté celle de l'accouplement
rétrograde. Ce dernier auteur, qui a tant
de soin d'avertir de l'époque où chaque
animal exotique a été vu des Romains
pour la première fois, a négligé de le
faire par rapport au Chameau; mais un
passage de Salluste, cité par Plutarque,
nous apprend que ce fut après la victoire
remportée par Lucullus sur Mitrhidate,
près du fleuve Rhyndacus, et par conséquent l'an de Rome 685. Salluste en-
tendait sans doute que ce fut alors qu'on
en conduisit pour la première fois à la
ville; car les soldats romains en avaient
dû voir long-temps auparavant, ainsi que
Plutarque le rappèle, lorsque Scipion
battit Antiochus, et aux combats qui
eurent lieu avec Archélaüs près du lac
Orchomène et de Chéronée.

Lampride nous apprend qu'Héliogabale faisait servir sur sa table des Cha-

Camelus Dromedarius   le Dromadaire

meaux et des Autruches, disant que la loi des Juifs l'y obligeait. Il avait doublement tort, car elle défend expressément la chair du Chameau, parce que, quoiqu'il rumine, il n'a point le pied entièrement fourchu. Spartien dit simplement que cet empereur en faisait servir les pieds, et cela pour surpasser Apicius, en introduisant quelque plat nouveau.

Je ne connais de bonne figure du Dromadaire que celle de Buffon. Les meilleures après elle, sont celles des planches 41 et 44 de Jonston. Les figures d'Aldrovande et de Gessner sont faites d'imagination. Celle de Perraut et les deux figures de Chameaux de Pennant sont fort mal dessinées.

Nous devons plusieurs des particularités rapportées dans cet article au chef de brigade Grobert, officier d'artillerie très-instruit, qui a passé deux ans à l'armée d'Orient.

LA GAZELLE

CORINNE.

ANTILOPE CORINNA.

Le mot *Antilope* désigne aujourd'hui, parmi les naturalistes, un genre nombreux de quadrupèdes ruminants, parmi lesquels on range la Gazelle des Arabes et près de trente autres espèces. Quoique ce nom ait une apparence grèque, il n'était point connu des anciens. On trouve seulement dans l'ouvrage des *Six Jours*, attribué à *Eustathius*, qui vivait sous Constantin, le nom d'*Antholopos*, pour signifier un animal à longues cornes, dentelées en scie. *Albert le Grand* a désigné depuis le même animal par le mot de *Calopus*, et d'autres écrivains du même temps, par ceux d'*Analopos*, d'*Antaplos* et d'*Aptalos*.

Gessner croit que c'est le même dont parle la lettre non authenthique d'Alexandre à Aristote, sur les merveilles de l'Inde, et dont les longues cornes pointues et dentelées perçaient les Macédoniens.

Quoique les descriptions que nous venons de rappeler contiènent quelques traits fabuleux, il est assez facile de voir qu'elles tirent leur origine d'un animal réel, savoir de l'espèce appelée aujourd'hui *Pasan*, (*ant. Oryx*) ou peut-être de l'*Algazel*.

Bochart croit que ce mot *Antholopos* vient du Copte *pantholops*, qui signifie Licorne. Comme le *Pasan* est très-vraisemblablement l'animal qui a donné lieu aux récits fabuleux de la *Licorne* et de l'*Oryx*, la conjecture de Bochart s'accorderait assez bien avec la nôtre.

Quoi qu'il en soit, c'est Ray qui a le premier employé le nom d'*Antilope* pour désigner une des espèces qui le portent aujourd'hui ; et c'est Pallas qui en a rendu l'acception générique, lorsqu'il a séparé ce genre de celui des Chèvres, avec lequel Linnæus le confondait.

Ce nouveau genre a été adopté par Pennant, par Schreber, par Gmelin, et par tous les autres naturalistes. En effet, les Antilopes diffèrent des Chèvres à plusieurs égards. Leur taille est plus svelte, leur poil plus court; elles ont le port élancé des Cerfs, et ressemblent encore à ces derniers quadrupèdes par les *larmiers* ou fossettes qu'elles ont sous les yeux; leurs cornes sont rondes et le plus souvent lisses; celles des Chèvres sont anguleuses et toujours grossièrement ridées en travers; l'axe osseux qui les soutient est plein, tandis que tous les autres ruminants à cornes permanentes l'ont creusé de sinus qui communiquent avec ceux du front.

Les mœurs des Antilopes sont fort sociables; presque toutes les espèces vivent en troupes plus ou moins grandes, dans les vastes déserts de l'Afrique; l'Asie en possède aussi quelques-unes, et l'Europe deux seulement, le *Chamois* et le *Saiga*. Il n'y en a point en Amé-

rique, non plus qu'aucun autre petit
ruminant à cornes creuses.

Le grand nombre des espéces a engagé Daubenton à diviser ce genre en
plusieurs petites tribus, dont il a pris les
caractères dans la courbure des cornes ;
celles dont les cornes ne sont courbées
que deux fois, et représentent ensemble
une espèce de lyre, ont été nommées
Lyricornes. Il y en a huit espèces de
connues, dont trois, la *Gazelle*, le *Ke-*
vel et la *Corinne*, sont si voisines l'une
de l'autre, qu'elles pourraient bien n'être
que des variétés d'une seule, et qu'il est
même assez difficile de déterminer à laquelle des trois appartient l'individu que
nous représentons. En effet, leurs différences ne consistent que dans les cornes,
qui sont rondes et grosses dans la *Ga-*
zelle, un peu comprimées dans le *Ke-*
vel, et minces et presque lisses dans la
Corinne.

Notre individu les a d'une grandeur
et surtout d'une grosseur moindres que

celles qu'on a observées dans la Gazelle, et cependant elles sont plus grandes que dans la Corinne décrite par Buffon ; ainsi ce n'est qu'avec doute que nous le rapportons à cette dernière espèce.

Cet individu avait un pied (0,54) de hauteur au garrot ; son tronc avait un pied (0,53) de longueur, son cou (0,23), sa tête, (0,19), et ses cornes, chacune (0,18). Le cou entier, le dos et la face externe des membres, étaient d'un fauve clair ; les flancs, d'un fauve un peu plus brun ; la poitrine, le ventre et la face interne des membres, blancs ; le bout de la queue, noir. Les oreilles étaient gris fauve à leur face convexe, blanchâtres à leur base en devant, noires en dedans avec trois lignes de poils blancs. La tête est fauve, excepté le sommet qui est gris clair, et une bande blanchâtre de chaque côté, qui, après avoir fait le tour de l'œil, se rend vers la narine. Les poignets, vulgairement dits genoux, ont chacun une touffe de poils bruns.

Cette Gazelle avait été prise aux environs de Constantine, ville de l'état d'Alger; elle était âgée d'environ dix-huit mois lorsqu'elle arriva ici; elle y en a vécu dix-huit autres, toujours douce, familière, caressant tout le monde; il lui prenait seulement des accès de gaîté, dans lesquels elle sautait irrégulièrement et blessait les jambes des assistants avec ses cornes. Elle faisait entendre alors un petit cri assez semblable à celui d'un Lapin blessé; le reste du temps elle était muette. C'était une femelle; pendant qu'elle a été ici, elle a mué deux fois, mais sans aucun changement de couleur; ses cornes n'ont pas sensiblement augmenté. Elle était extrêmement sobre; une livre et demie soit de pain, soit d'orge ou de foin et un verre d'eau lui suffisaient chaque jour; la plus grande propreté régnait toujours autour d'elle; ses excréments ressemblaient à ceux du Mouton pour la forme et pour la consistance; mais ils étaient beaucoup plus petits.

7

Que la Corinne soit différente ou non de la Gazelle, il paraît que l'une et l'autre sont fort communes en Barbarie, qu'elles se répandent depuis la Syrie et l'Arabie jusqu'au Sénégal; on en voit dans tous ces pays des troupes innombrables courir dans les campagnes; lorsqu'on s'en approche, elles se resserrent les unes contre les autres et présentent les cornes de toute part. Quoique timides, lorsqu'elles sont poussées à bout, elles ont encore assez de force pour blesser dangereusement avec leurs cornes; elles ne peuvent cependant résister aux grands quadrupèdes carnassiers, et ce sont elles qui font la pâture la plus ordinaire du Lion et de la Panthère. Les Turcs et les Arabes les chassent avec le Chien et le Faucon, ou bien avec le petit Léopard appelé *Once* : la chasse au Faucon est surtout l'amusement des gens riches en Syrie; on habitue l'oiseau à saisir la Gazelle à la gorge et à lui entamer les gros vaisseaux avec ses ongles. On prend aussi ces animaux en vie, en lâchant dans la campagne quelque individu apprivoisé, aux cornes duquel on attache des cordes qui se terminent par des nœuds coulants. Les Gazelles sauvages auxquelles cet individu se mêle, se prènent dans ces nœuds par les cornes ou par les pieds et tombent promptement.

La chair des Gazelles est assez bonne et tient un peu de celle du Chevreuil; elles ont beaucoup de graisse en été et maigrissent en hiver.

Les voyageurs n'ont rien rapporté sur les circonstances de leur propagation et de leur développement.

Élien a très-bien décrit la Gazelle sous le nom de *Dorcas*, que les Grecs plus anciens avaient employé pour le Chevreuil. Le nom de *Gazelle* est arabe : les auteurs de cette nation les citent sans cesse dans leurs écrits, comme des symboles de douceur, et des modèles de grace et de beauté. Les beaux yeux se nomment simplement en Orient, yeux de Gazelle, et c'est bien avec raison, car il est impossible d'avoir le regard à la fois plus doux et plus vif que ce charmant animal.

Buffon a donné une bonne figure du squelette de la *Corinne* et une de ses cornes; toutes deux se rapportent très-bien à l'individu que nous représentons; mais la figure qu'il a donnée de l'animal entier est mauvaise. Celles du Kevel et de la Gazelle commune sont bonnes.

Pallas avait soupçonné que la Corinne était la femelle du Kevel; mais Buffon avait vu les deux sexes de l'un et de l'autre; et outre la femelle que nous représentons, nous avons vu et disséqué un mâle tout semblable.

L'intérieur de la Corinne, ainsi que des autres Gazelles, ne diffère en rien d'important de celui du Mouton et de la Chèvre.

Antilope Corinna. _la Gazelle Corinne_

LA LIONNE.

FELIS LEO, FŒMINA.

Par LACÉPÈDE.

DEPUIS que l'on a consacré des ménageries au progrès des sciences physiques, aucun de ces établissements n'a renfermé, je crois, un aussi grand nombre d'individus de l'espèce du Lion, que l'on en voyait, il y a très-peu de jours, dans la ménagerie du Muséum national d'histoire naturelle. On y comptait un Lion et quatre Lionnes adultes, trois Lionceaux mâles et deux Lionceaux femelles. Peu de temps auparavant, on y avait vu un autre Lion dont le citoyen Toscan, bibliothécaire du Muséum, a publié une histoire aussi instructive qu'intéressante et bien écrite, et qui était plus âgé que le Lion adulte qui vit maintenant dans cette même enceinte. Il n'est donc pas surprenant que l'on y ait recueilli sur l'espèce du Lion, les observations précieuses que nous allons présenter dans cet article. On a pu facilement, en examinant attentivement ces onze individus, ajouter des faits encore inconnus à ceux que les naturalistes avaient déjà rassemblés pour l'histoire de cet animal fameux, qui, doué de la grandeur, de la force et de la beauté, majestueux dans ses traits, superbe dans son attitude, rapide dans ses mouvements, ardent dans ses affections, terrible dans sa colère, bravant le pouvoir de l'homme, ayant lutté contre les demi-dieux des temps héroïques et rehaussé le triomphe des plus grands conquérants, chanté par les poètes, divinisé par la mythologie, placé dans le ciel comme l'emblême de la puissance du soleil, a été, dans tous les temps et dans tous les lieux, recherché, représenté, célébré, redouté, et cependant chéri.

Buffon a peint Le Lion : tâchons d'esquisser quelques traits de la Lionne.

Le Lion a, dans sa physionomie, un mélange de noblesse, d'assurance, de

gravité et d'audace, qui décèle pour ainsi
dire la supériorité de ses armes et l'éner-
gie de ses muscles. La Lionne a la grace
et la légèreté. Sa tête n'est point ornée
de ces poils longs et touffus qui entourent
la face du Lion, et se répandent sur son
cou en flocons ondulés; elle a moins de
parure; mais, douée des attributs distinctifs de son sexe, elle montre plus
d'agrément dans ses attitudes, plus de
souplesse dans ses mouvements. Plus
petite que le Lion, elle a peut-être moins
de force; mais elle compense par sa vîtesse ce qui manque à sa masse. Comme
le Lion, elle ne touche la terre que par
l'extrémité de ses doigts (1); ses jambes
élastiques et agiles paraissent, en quelque sorte, quatre ressorts toujours prêts

---

(1) Voilà pourquoi le Lion, ainsi que les
autres *Felis*, est placé parmi les mammifères
digitigrades.

Voyez le tableau méthodique des mammifères, que nous avons publié dans le troisième

à se débander pour la repousser loin du sol, et la lancer à de grandes distances ; elle saute, bondit, s'élance comme le mâle, franchit, comme lui, des intervalles de quatre ou cinq mètres ; sa vivacité est même plus grande, sa sensibilité plus ardente, son desir plus véhément, son repos plus court, son départ plus brusque, son élan plus impétueux.

Elle a, de même que le Lion et les autres animaux de son genre, chacune de ses mâchoires armée de six incisives très-tranchantes, de deux crochets redoutables, et de molaires peu nombreuses, mais couronnées de pointes aiguës. Sa langue, ainsi que celle du mâle, est hérissée de piquants ou papilles dures qui déchirent aisément la peau qu'elle

---

volume des Mémoires de la classe des sciences physiques et mathématiques de l'Institut national, et d'après lequel nous avons fait disposer la collection des mammifères du Muséum d'histoire naturelle.

lèche ; ses ongles longs , durs et crochus , ne s'étendent qu'à sa volonté , et , garantis de tout frottement par la position qu'elle leur donne lorsqu'elle n'a pas besoin de s'en servir , ils conservent long-temps leur pointe acérée.

Douée des six caractères remarquables que nous croyons devoir regarder comme les véritables signes distinctifs de son espèce , elle offre cette couleur uniforme et sans tache , dont la nuance rousse ou fauve suffirait pour faire reconnaître le Lion au milieu des autres carnassiers , et pour le séparer même du Cougar ou prétendu Lion d'Amérique. Une houppe de poils alongés , placée à l'extrémité d'une queue longue , déliée ; agitée fréquemment ; et qui , frappant avec rapidité , renverse ou brise avec violence ; des poils plus longs que les autres ; au-dessous des oreilles et de la mâchoire inférieure ; un cou très-gros ; un museau et particulièrement un menton arrondis ; et de telles dimensions dans les trois

parties principales de la face, le front,
le nez et la partie inférieure, que ces
trois portions presque égales l'une à
l'autre, et proportionnées à peu près
comme les trois parties analogues de la
figure humaine, donnent à l'ensemble
de ses traits un air d'élévation, de ma-
jesté et d'empire.

Aussi courageuse que le Lion, elle
attaque, lorsque la faim la presse, tous
les animaux qu'elle peut atteindre. Mais
aussi redoutée que lui, elle est souvent
obligée d'avoir recours à la ruse, de cacher sa poursuite, de se coucher sur le
ventre, au milieu de hautes herbes, et
d'attendre que sa proie viène se livrer à
ses armes. Elle se précipite alors sur sa
victime, la saisit dès son premier bond,
l'immole, brise ses os et déchire ses
chairs. Dans les forêts africaines, et sur
la lisière des déserts des contrées tor-
rides qu'elle fréquente, elle se nourrit
ordinairement de Gazelles et de Guenons, qui ne peuvent se dérober à sa dent

meurtrière que par une fuite précipitée, mais presque toujours inutile. On a écrit que les Guenons et les autres quadrumanes africains qui ne se plaisent pour ainsi dire que sur le sommet des arbres, trouvaient au milieu de leurs rameaux touffus, un asyle assuré contre la griffe de la Lionne et du Lion, qui, malgré leur force, leur légèreté, leur souplesse et leurs ongles, ne pouvaient pas grimper sur les arbres comme les autres *Felis*, et particulièrement comme le Tigre, dont néanmoins le volume, le poids et la conformation sont presque semblables à ceux du Lion et de la Lionne. Nous doutons beaucoup de la vérité de cette assertion, et nous sommes très-portés à croire, d'après la forme et les attributs du Lion, ainsi que d'après les mouvements auxquels se livrent les Lions et les Lionnes du Muséum d'histoire naturelle, dans l'enceinte étroite qui les renferme encore, que ces animaux grimperaient sur des tiges élevées, au moins aussi facilement que le Tigre et que les autres grands carnassiers du genre des *Felis*.

Quoi qu'il en soit, la Lionne ne se jète sur les cadavres, et surtout sur leurs débris infects, que lorsqu'elle y est contrainte par un besoin irrésistible. Elle préfère la chair des animaux qu'elle vient d'égorger. Cependant elle ne donne pas la mort à un aussi grand nombre de victimes que le Tigre et la Panthère, parce qu'elle n'est pas contrainte, comme ces *Felis*, de rechercher la nourriture la plus active et la plus substantielle, un sang pur, abondant et encore chaud; et voilà pourquoi on ne lui a pas attribué, non plus qu'au Lion, cette cruauté insatiable, cette ardeur pour le carnage, cette soif immodérée du sang, qui font de la Panthère et du Tigre, des objets d'horreur en même temps que d'effroi.

C'est principalement lorsqu'elle allaite ses petits qu'elle est terrible. Et comment serions-nous étonnés de ce redoublement d'audace que nous retrouvons dans pres-

que toutes les femelles pendant le temps
où elles veillent sur les jours de leur
jeune famille? Leur sensibilité plus exer-
cée n'est-elle pas alors plus vive? Leur
irritabilité n'est-elle pas plus grande?
Leurs besoins ne sont-ils pas plus puissants? Leur existence étendue pour ainsi
dire jusque dans leurs petits, et exposée
par-là à plus d'ennemis, ne doit-elle pas,
en éveillant plus de craintes, inspirer
plus d'efforts pour écarter les dangers?

Aussi, lorsque la Lionne a de jeunes
Lionceaux à nourrir ou à défendre, s'a-
vance-t-elle avec fierté contre les seuls
animaux qui puissent la combattre avec
avantage. Le Tigre, l'Éléphant, le Rhinocéros, l'Hippopotame, lui opposent
en vain et la masse, et la vîtesse, et l'a-
dresse, et des armes. Elle les brave
même lorsque ses affections de mère ne
donnent point à son courage une nouvelle ardeur; et lorsque l'Homme parvient à la vaincre, ce n'est que par le
fer dont son art a su faire des armes re-

doutables, par le feu qui brûle autour d'elle des végétaux desséchés, ou lance au loin un plomb meurtrier et rapide, ou en réunissant les efforts d'un grand nombre de Chiens généreux et de Chevaux aguerris.

Mais cette intrépidité n'appartient plus à la Lionne, lorsque, habitant des forêts trop voisines des cités, elle a perdu, par une triste expérience, le sentiment de sa puissance, et acquis celui de la supériorité de l'art de l'Homme.

Et ce n'est pas seulement la nature de ce noble et redoutable animal que l'Homme a modifiée. En se répandant sur la surface du globe, et en se rapprochant chaque jour davantage des tanières du Lion, il a ravi l'empire à cette espèce privilégiée; il l'a exilée loin de sa demeure; il l'a chassée par exemple de la Thessalie, de la Macédoine, de la Thrace et des autres contrées européennes où on la trouvait encore du temps d'Aristote; il l'a reléguée vers les pays les plus

voisins des tropiques; il l'a contrainte de
fuir sur les bords des déserts brûlants;
et, la forçant à n'habiter que dans des
endroits où le défaut fréquent d'eau, de
pâture et de fruits, réduit à de petites
troupes les Guenons, les Antilopes et les
autres animaux frugivores dont elle aime
à se nourrir, il a diminué le nombre des
individus de cette espèce-roi, en même
temps qu'il a rétréci le domaine qu'elle
avait envahi.

Il ne faut pas croire néanmoins, avec
plusieurs illustres naturalistes, que l'accroissement de la population de l'Homme, soit la seule cause de la diminution
du nombre des Lions. On en trouve
maintenant beaucoup moins qu'on n'en
rencontrait, il y a une vingtaine de
siècles, dans l'Asie méridionale, dans
les montagnes de l'Atlas, dans les bois
voisins du grand désert de Zaara, et
dans les différents pays plus ou moins
rapprochés du nord de l'Afrique. Et cependant tout le monde sait que ces con-

trées asiatiques et africaines étaient bien
plus peuplées, il y a deux ou trois mille
ans, et lorsqu'elles étaient habitées par
des nations que leurs richesses, leur industrie et leur puissance ont rendues célèbres, qu'aujourd'hui où elles ne nour-
rissent que des peuples affaiblis, pauvres,
ignorants et à demi barbares. On doit
supposer que le climat a éprouvé, dans
ces portions de l'Afrique et de l'Asie,
des changements funestes à l'espèce du
Lion. Des bois péris de vétusté et non
renouvelés par la nature, les terres des
hauteurs entraînées dans les plaines, les
montagnes abaissées, les pluies deve-
nues moins abondantes, les sources ta-
ries, la stérilité augmentée, ont diminué
les asyles du Lion et les troupeaux d'animaux asiatiques ou africains dont il se
nourrit. Et d'ailleurs l'invention des armes à feu a centuplé la puissance de
l'Homme son ennemi le plus dangereux.

Mais l'Homme a fait plus encore qu'é-
carter le Lion ou lui donner une mort

assurée. Il l'a pris vivant, l'a dompté par
la constance, l'a soumis par les soins, l'a
radouci par les bienfaits, et, lui inspi-
rant un attachement aussi vif que durable, a changé cet animal si terrible en
ami généreux, en hôte volontaire, en
habitant libre de sa demeure. On a vu il
n'y a pas long-temps, à Constantinople,
un des ministres de l'empereur des
Turcs, avoir souvent auprès de lui un
Lion qui jouissait dans son palais d'autant de liberté que l'animal domestique
le plus pacifique et le plus fidèle. Et ce
n'est pas seulement à l'Homme que le
Lion, plus aimant qu'on ne l'a cru, s'attache avec force et avec constance. Nous
avons été témoins de l'amitié touchante
qui a lié pendant long-temps un jeune
Chien et le Lion de la ménagerie du Muséum, à l'histoire duquel le citoyen Toscan a su donner un si grand intérêt.

La Lionne peut éprouver une affection aussi profonde et aussi peu passagère. Dans le moment où nous écrivons

une des Lionnes de la ménagerie du Muséum, non seulement souffre sans peine un jeune Chien dans sa loge, mais elle paraît l'aimer beaucoup; elle se plaît à ses jeux; elle s'amuse de ses caprices; et sensible à ses caresses, attentive à ses besoins, satisfaite quand elle le voit auprès d'elle, triste lorsqu'on le lui ôte pendant quelques moments, c'est bien plus au sentiment mutuel que ces deux prisonniers se sont inspirés, qu'à sa douceur particulière, qu'elle doit la tranquillité avec laquelle elle supporte la perte de son indépendance.

Au reste, quel est l'animal qui, n'éprouvant ni souffrance, ni crainte, ne perdrait pas insensiblement sa férocité? Et n'est-ce pas surtout la terreur qui conduit à la cruauté sanguinaire?

Cependant la prudence ne doit jamais permettre d'oublier que, lorsqu'un animal très-fort a des appétits très-véhéments, des affections ardentes, des mouvements violents, des armes terribles,

une impression soudaine et inattendue
peut le ramener tout d'un coup vers le
caractère naturel de son espèce; qu'il ne
suffit pas de ne pas le laisser souffrir de
la faim, et de ne pas risquer de l'irriter
par de mauvais traitements, et qu'il faut
de plus être toujours en garde contre un
de ses retours brusques et imprévus vers
le sentiment de sa supériorité, l'horreur
de la contrainte et sa férocité originelle.

La Lionne dont on donne la figure
dans cet ouvrage, est aussi douce que
celle qui a un jeune Chien pour compagnon d'esclavage. Mais plus heureuse
que cette dernière, elle a été, jusqu'à
présent, préférée par le mâle. Elle n'est
âgée que de sept ans ou environ; elle
n'avait que dix-huit mois lorsqu'elle fut
prise dans un piége à bascule, avec son
mâle qui est du même âge qu'elle, et qui
vraisemblablement est de la même portée. Ce rapport et l'habitude d'être ensemble dès le commencement de leur
existence, n'ont pas peu contribué sans

doute à l'affection qu'ils éprouvent l'un pour l'autre. C'est dans un bois voisin de Constantine, près la côte septentrionale de l'Afrique, que commença la captivité de ces deux Lions. Un an après, le citoyen Félix Cassal, l'un des gardiens de la ménagerie du Muséum, qui à cette époque voyageait en Barbarie, par ordre du gouvernement, pour y acheter des animaux rares et intéressants, parvint à les acquérir pour le Muséum, et avant peu de mois il les conduisit à Paris.

On savait depuis long-temps, par Gessner, qu'il était né des Lions dans la ménagerie de Florence; Willughby avait écrit qu'une Lionne renfermée à Naples avec un Lion, avait produit des petits; d'autres Lionceaux étaient nés en Angleterre; on espéra de voir les deux Lions amenés d'Afrique, s'accoupler et produire. Cette espérance ne fut pas vaine.

Lorsque la Lionne eut six ans, elle entra en chaleur. Les signes de cet état furent les mêmes que ceux de la chaleur de la Chatte, dont l'espèce est la seule parmi les *Felis* qu'on ait pu jusqu'a présent bien observer et bien connaître. Le mâle la couvrit; l'accouplement eut lieu de la même manière que parmi les Chats; et, comme les Chattes, la femelle jeta de grands cris.

La Lionne devint pleine; mais au bout de deux mois elle avorta, et mit bas deux fœtus qui n'avaient pas de poil.

Vingt et un jours après son avortement elle revint en chaleur, et, dans le même jour, reçut cinq fois le mâle. Son ventre devint assez gros pour qu'on pût s'appercevoir facilement qu'elle était pleine; et au bout de cent huit jours, dès sept heures du matin, ses douleurs commencèrent. Elle allait et venait d'une loge à l'autre, en se plaignant et en répandant par la vulve une liqueur blanche et claire. A cinq heures du soir, temps ordinaire de son repas, on lui présenta des aliments qu'elle s'efforçait en vain de manger; à chaque instant ses souffrances l'obligeaient à les délaisser. Son gardien, le citoyen Félix Cassal, entra dans sa loge et lui fit avaler de l'huile d'olive. Enfin, à dix heures, elle mit bas un petit Lion mâle et vivant. Elle le laissa enveloppé pendant dix minutes dans ses membranes qu'elle ouvrit ensuite, et qu'elle dévora avec le placenta. Un second Lionceau naquit à dix heures et demie, et un troisième à onze heures un quart. L'un de ces trois jeunes Lions avait, cinq jours après sa naissance :

324 millimètres depuis le devant du front jusqu'à l'origine de la queue ;

108 depuis le bout du museau jusqu'à l'occiput ;

81 d'une oreille à l'autre ;

122 depuis le coude jusqu'au bout des doigts de la patte de devant ;

95 depuis la rotule jusqu'au talon ;

88 depuis le talon jusqu'au bout des doigts de la patte de derrière ;

162 depuis l'origine de la queue jusqu'à l'extrémité de cette partie.

Lorsque ces Lionceaux sont venus à

la lumière, ils n'avaient pas de crinière.
Et, en effet, nous savons maintenant
qu'elle ne commence à paraître sur le
cou et autour de la face des mâles, que
lorsqu'ils ont déjà trois ans ou trois ans et
demi, et qu'elle croît avec l'âge de l'animal. Mais, d'ailleurs, les trois jeunes
Lions n'avaient pas au bout de la queue
ce flocon qui appartient à la Lionne aussi
bien qu'au Lion. Leur poil était laineux
et n'offrait pas encore la couleur de leur
père; il présentait, sur un fond mêlé de
gris et de roux, un grand nombre de
bandes petites et brunes, qui étaient sur-
tout très-distinctes sur l'épine dorsale et
vers l'origine de la queue, et qui étaient
disposées transversalement de chaque
côté d'une raie longitudinale, brune et
étendue depuis le derrière de la tête jusqu'au bout de la queue.

Les Lionceaux ont donc une *livrée*
ou des couleurs qui leur sont particulières; et il est possible que cette disposition de leurs nuances, qui forme des

bandes et une raie, et qui montre leur
parenté avec plusieurs autres *Felis* fas-
cés et rayés, observée par des voyageurs sur de jeunes individus, et attribuée ensuite à des individus adultes, ait
contribué à faire croire à quelques anciens observateurs, et à faire écrire par
Elien ainsi que par Oppien, qu'il y avait
dans les grandes Indes une race de Lions
rayés.

Les Lionceaux ne présentent donc,
lorsqu'ils viénent à la lumière, que les
trois derniers caractères des six que nous
avons indiqués comme devant servir à
distinguer véritablement leur espèce d'a-
vec les autres *Felis* ; mais à mesure qu'ils
grandissent, les nuances de leurs couleurs ressemblent à celles des Lions
adultes ; leurs bandes et leur raie dispa-
raissent, et les proportions de leurs différentes parties se rapprochent de celles
de leur père ou de leur mère.

A l'âge d'un mois, les jeunes mâles nés
dans la ménagerie du Muséum, avaient

encore la raie longitudinale et les bandes transversales sur le dos, ainsi qu'on peut s'en assurer par la planche de cet ouvrage, qui les représente tels qu'on les voyait à cet âge. Leurs dimensions étaient alors cinq fois plus grandes que celles qui ont été données à leur figure par notre habile peintre, le citoyen Maréchal.

C'est en brumaire de l'an neuf que ces Lionceaux sont nés ; dans les premiers jours de germinal de la même année, leur mère a été couverte par le mâle ; et le 26 messidor de l'an neuf elle a donné le jour à deux jeunes Lionnes. Elle a porté ces deux femelles pendant un temps égal, ou à peu près, à celui pendant lequel elle avait porté les trois Lionceaux mâles. Nous connaissons donc maintenant avec précision le véritable temps de la gestation de la Lionne. Elien a écrit que ce temps était de deux mois. Philostrate, parmi les anciens, et Etienne Wuot, parmi les modernes, ont cru qu'il était beaucoup plus long et pouvait aller jusqu'à six mois. Buffon inclinait pour cette dernière opinion. Nous pouvons dire aujourd'hui, avec certitude, que la Lionne porte ses petits pendant cent huit jours, ou un peu plus de trois mois et demi. La Chatte porte les siens ordinairement pendant cinquante-cinq ou cinquante-six jours, et par conséquent la durée de sa gestation n'égale à très peu près que la moitié de celle de la gestation de la Lionne.

Aristote croyait que la Lionne produit cinq ou six petits lors de sa première portée, quatre ou cinq à la seconde, trois ou quatre à la troisième, deux ou trois à la quatrième, un ou deux à la cinquième, qu'il regardait comme devant être la dernière. Selon Willughby, la Lionne qui engendra dans la ménagerie de Naples, donna le jour à cinq Lionceaux d'une seule portée. Il paraît qu'Aristote a été mal informé, ainsi que Buffon l'a conjecturé, et que Willughby n'a pas été mieux instruit, puisque la

Lionne de la ménagerie du Muséum a eu, ainsi que nous venons de le voir, deux Lionceaux à sa première portée, trois à la seconde et deux à la troisième.

Peut-être les naturalistes ont-ils été aussi dans l'erreur, lorsqu'ils ont dit que la Lionne ne mettait bas qu'une fois par an; cela n'est vrai du moins que dans l'état de nature, puisque dans l'état de domesticité, la Lionne du Muséum a donné le jour à trois mâles, en brumaire de l'an 9, et à deux femelles le 26 messidor de la même année.

Peu de temps avant la naissance de ces deux femelles, les trois Lionceaux étaient déjà devenus méchants. Un de ces jeunes Lions, qu'on avait coupé pour tâcher de savoir quel peut être l'effet de la castration sur des individus d'une espèce aussi terrible que celle du Lion, paraissait moins traitable que les autres. Un jour où le citoyen Félix Cassal avait voulu le faire marcher par force dans les jardins du Muséum, ce Lionceau s'était

jeté avec colère sur son bras et avait déchiré son habit. Mais on ne pourra plus
suivre que sur l'un de ces trois Lions, les
progrès du développement du caractère.
Deux sont déjà morts, et il paraît qu'ils
ont succombé aux premiers effets de la
dentition, de cette opération si souvent
dangereuse pour les animaux qui vivent
dans l'esclavage, et dont les mâchoires
peu alongées opposent un grand obstacle
au développement des dents. Le Lionceau coupé a péri, et il est mort le second.

Le père et la mère de ces jeunes *Felis*
sont cependant très-attachés à leur gardien auquel ils obéissent avec une grande
docilité. Ce n'est que dans le temps où la
femelle est en chaleur, que le mâle est
comme furieux, et ne permettrait pas,
même à Cassal, de s'approcher de lui
impunément.

La Lionne, son mâle et les autres
Lionnes de la ménagerie, ne mangent
qu'une fois en vingt-quatre heures. On
leur donne à chacun quatre ou cinq ki-

logrammes de viande, et un litre et demi d'eau.

Le rugissement du Lion est composé
de sons prolongés, assez graves, mêlés
de sons aigus et d'une sorte de frémisse-
ment. Il varie et pour la durée et pour la
force, et pour la hauteur et pour la gravité des tons, suivant l'âge de l'animal,
les affections qu'il éprouve, les passions
qui l'agitent, la colère qui l'anime, les
besoins qui le pressent, la chaleur qui le
pénètre, le froid qui l'incommode et les
échos qui répètent ses cris retentissants.

Le mâle du Muséum commence de ru-
gir à la pointe du jour : toutes les femelles l'imitent, et leurs rugissements
durent à peu près pendant dix minutes.
Ils recommencent, après leur repas, leur
singulier concert, et on dirait que leurs
cris sont, à ces deux époques, l'expression du plaisir qu'ils éprouvent, lorsqu'ils ont appaisé leur faim ou lorsqu'ils
revoient la lumière du jour. Ils ne ru-
gissent d'ailleurs que dans les instants où

le temps est près de changer, ou quand leur gardien est éloigné d'eux.

Dans l'état de nature, le Lion sort le plus souvent de sa tanière pendant la nuit, pour éviter les effets funestes de l'ardeur des rayons du soleil sur ses yeux délicats comme ceux des Chats, et de plus pour surprendre plus facilement sa proie, en lui dérobant son approche au milieu des ténèbres. C'est donc pendant le jour qu'il dort dans sa caverne. Mais dans l'état de domesticité, il n'erre pas pendant l'obscurité pour chercher sa nourriture; l'abri qu'on lui donne le préserve pendant le jour d'une lumière trop vive; et voilà pourquoi notre Lionne, son mâle et les autres Lionnes du Muséum dorment pendant toute la nuit.

Les excréments de ces animaux sont semblables à ceux du Chat et très-fétides. Le mâle ne se débarrasse des siens qu'une fois par jour. Son urine est aussi très-puante ainsi que celle des Lionnes. Mais leur haleine n'a pas l'odeur forte et très-désagréable que plusieurs auteurs ont attribuée à l'haleine des Lions.

Au reste, la Lionne dont nous écrivons l'histoire, a maintenant :

324 millimètres depuis le bout du mu-
    seau jusqu'à la nuque ;

1430 depuis la nuque jusqu'à l'ori-
    gine de la queue ;

1027 depuis le sommet de la tête jus-
    qu'au sol ;

891 depuis le garrot jusqu'au sol ;

189 de la base d'une oreille à la base
    de l'autre ;

270 de l'extrémité supérieure de l'hu-
    mérus au coude ;

486 du coude au sol,

486 du dessus de la croupe à la rotule ;

378 de la rotule au talon ;

351 du talon au bout du pied ;

810 de l'origine de la queue à l'extré-
    mité de cette partie.

A côté de cette femelle assez douce, est une Lionne qui a été prise dans l'inté-rieur de l'Afrique, à une distance plus grande des contrées habitées par l'homme, que les autres Lionnes de la ménagerie. Suivant le récit de Félix Cassal, elle vient des frontières du grand désert de *Sara* ou *Zaara.* Sa férocité est extrême. Jusqu'à présent rien n'a pu radoucir son naturel; et ce fait paraîtrait confirmer ce que Buffon et d'autres naturalistes ont écrit de la supériorité de force et de hardiesse, et du caractère formidable des Lions qui vivent loin de l'Homme, et sur les lisières brûlantes des immenses plaines de sable de l'Asie ou de l'Afrique.

Un grand nombre de naturalistes, depuis le temps d'Aristote jusqu'à nos jours, ont donné la figure du Lion ou de la Lionne ; mais la Lionne et ses Lionceaux n'ont jamais été représentés avec cette ressemblance rigoureuse dans les traits et cette vérité dans l'expression, que l'on admire dans la peinture du citoyen Maréchal, d'après laquelle a été gravée la belle planche du cit. Miger.

Marechal Pinx.
Miger sc.
la Lionne
allaitant ses Lionceaux nés dans la Menagerie le 19 Brumaire An 9.

L'OURS BRUN.

URSUS ARCTOS.

DIVERS naturalistes ont étendu le nom d'*Ours* à des espèces plus ou moins nombreuses de quadrupèdes, selon que leurs systêmes le comportaient ; nous le restreindrons ici à son acception primitive et vulgaire, c'est-à-dire que nous ne l'emploierons que pour désigner de grands quadrupèdes à corps épais, à queue courte, qui appuient la plante presque entière sur la terre en marchant, et dont tous les pieds ont cinq doigts presque égaux, armés d'ongles aigus, longs et recourbés.

Ils ont six dents incisives à chaque mâchoire, dont les secondes d'en bas sont un peu rentrées ; une grande canine de chaque côté, et derrière elle une ou plusieurs petites dents séparées des molaires proprement dites, par un espace vide. Ces molaires ne sont point tran-

chantes comme celles des animaux carnassiers ordinaires; leur couronne est
plate et relevée de quelques tubercules,
structure qui rapproche les Ours de
l'Homme et des autres animaux omni-
vores, et qui leur donne la faculté de se
nourrir également bien de fruits, de chair
et d'autres substances variées. Leur estomac est de grandeur médiocre; leur
canal intestinal conserve à peu près la
même grosseur dans toute son étendue et
n'a point de cœcum; les reins sont composés de plusieurs lobes distincts; la
langue est douce, et la verge contient
un grand os recourbé en forme d'S ita-
lique.

Ce genre des Ours est ainsi déterminé
sans aucune équivoque; mais les espèces
qui le composent sont difficiles à nettement caractériser : nous avons vu que
l'*Ours polaire* ou *maritime* est une espèce bien distincte de toutes les autres,
qui a cependant été long-temps confon-
due avec elles. Il en existe une seconde

dont la différence a été encore plus long-temps méconnue ; c'est l'*Ours noir d'Amérique*. Sa tête est plus égale que celle de notre Ours d'Europe, plus semblable à celle d'un chien ; son poil est droit, noir et lustré ; celui de l'Ours d'Europe est toujours plus ou moins laineux ; sur son museau se voyent quelques taches rousses ; enfin les petites dents situées derrière la canine, sont au nombre de deux ou trois ; cette espèce paraît exister seule dans tout le continent de l'Amérique ; elle aboie presque comme un Chien, se nourrit de préférence de fruits sauvages ; et lorsqu'il n'y en a point, d'insectes et de poissons ; elle n'attaque les quadrupèdes que quand elle est affamée. Sa chair et sa graisse sont excellentes à manger dans le temps des fruits. Mais après avoir séparé et distingué l'Ours maritime et l'Ours américain, il reste encore plusieurs animaux confondus sous le nom commun d'Ours, et que les auteurs ont regardés comme de simples variétés , quoiqu'ils paraissent si peu les connaître, qu'ils ne s'accordent nullement ni sur le nombre de ces variétés, ni sur les traits qui les distinguent.

Buffon n'en établit que deux, l'*Ours brun* et l'*Ours noir*; mais tout ce qu'il dit de ce dernier appartient, non pas à l'Ours noir d'Europe qu'on donne comme une variété, mais bien à celui d'Amérique, qui est certainement une espèce.

Kleim, *Raczinski*, *Blumenbach*, veulent qu'il y en ait trois; une très-grande, noire, qui est féroce et qui attaque les fourmilières; une moindre, rougeâtre, plus commune; et une très-petite, mêlée de taches blanchâtres.

Wormius, *Leske*, *Gmelin* et *Pennant* en font aussi trois; mais c'est la variété rousse qui est la plus grande selon eux, et la noire plus petite : quant aux qualités, Wormius assure que c'est la noire qui est carnassière; Pennant, que c'est la rousse, en quoi il est aussi d'accord avec Buffon. Selon Wormius, c'est la plus petite des trois qui recherche les fourmis ; quant à la grande variété rousse, elle est, dit-il, innocente et ne se nourrit que de végétaux.

Pontoppidan n'établit que deux variétés, une grande et une petite ; c'est cette dernière qu'il nomme *Ours des fourmis ; Gadd* ajoute que la grande variété est noire, et il en fait une troisième de l'*Ours à collier*, que nous verrons n'être qu'un jeune Ours brun. *Gessner* ne distinguait les Ours que par la grandeur, et quoiqu'il en connût de bruns et de noirâtres, il ne regardait point ces couleurs comme des signes de variétés permanentes. *Riedinger* et d'après lui *Pallas*, vont même jusqu'à croire que ces différences de grandeur ne proviènent que de l'âge plus ou moins avancé.

Nous ne parlons point des variétés individuelles qui ne constituent point des races, comme les *Ours dorés*, les *Ours pies*, etc.

Il est aisé de voir qu'une pareille di-
versité d'opinions ne peut venir que
d'observations faites avec peu de soin,
sur des individus d'âge, de sexe et de
climats différents, ou n'est peut-être fondée que sur de simples récits populaires;
le parti le plus sage, pour porter quelque lumière dans cette obscurité, nous
paraît être celui de décrire soigneusement la race la plus connue, l'Ours brun
des Alpes, et d'attendre que des naturalistes éclairés ayent occasion de constater
s'il y en a réellement d'autres en Europe, et surtout si cet Ours noir, qu'on
prétend exister dans le Nord, est une
variété du brun, ou s'il est le même que
celui d'Amérique, ou enfin s'il forme
une quatrième espèce distincte de ces
deux là et de celle de l'Ours polaire.

La physionomie de cet Ours brun est
très-frappante; son front forme une saillie convexe au-dessus des yeux, et le
museau diminue d'une manière brusque,
qui lui donne quelque rapport avec le

grouin d'un Cochon. Le principal mouvement qu'il donne à son nez est d'avancer sa lèvre supérieure au-delà des narines, en lui faisant faire avec elle un
angle rentrant. Ses yeux sont extrêmement petits, et n'ont pas une troisième
paupière plus grande que celle des quadrupèdes ordinaires. Le poil qui couvre
tout son corps est fort long, doux, un
peu laineux vers l'extrémité; il est plus
long autour de la gorge que partout ailleurs. C'est sur les jambes qu'il est le
plus brun; sur le reste du corps il est
dans les individus que nous possédons,
plus ou moins mêlé de grisâtre, et sur-
tout de jaunâtre et de fauve. Un Ours
brun, de quatre pieds deux pouces de
longueur totale, avait deux pieds cinq
pouces de haut au train de devant, et la
tête longue de onze pouces et demi : son
pied de devant avait huit pouces de long,
et celui de derrière neuf pouces et demi,
à compter du poignet et du talon jusqu'au bout des ongles. Au moyen de ces

proportions on pourra comparer exactement les autres Ours à celui-ci, et arri-
ver à quelque certitude. Nous croyons
cependant prévoir que l'opinion de Pallas se justifiera, et que ces variétés de
couleur, de grandeur et de régime, se
trouveront n'être dues qu'à l'âge seulement.

Déjà Blumenbach assure que l'Ours
se contente de matières végétales, dans
sa jeunesse, et qu'il devient plus carnassier lorsqu'il passe trois ans. Il est certain
qu'on peut le nourrir de pain seulement;
ceux de notre ménagerie ne mangent
pas autre chose, et quoiqu'ils n'en re-
çoivent que six livres par jour, ils se
portent très-bien ; l'un d'eux a même
vécu 47 ans à ce régime dans les fossés
de Berne où il était né. Ils mangent aussi
volontiers des légumes, des racines, des
raisins ; ce qu'ils aiment le mieux, c'est
le miel ; ils renversent les ruches, grim-
pent dans les arbres creux et s'exposent
à la piquûre des abeilles pour s'en rassa-

sier. Ils recherchent les fourmis, sans
doute à cause de leur acidité, car ils
aiment tous les fruits acides, et sur-tout
les baies d'épine-vinette et de sorbier;
c'est même lorsqu'ils en ont beaucoup
mangé qu'ils sont le plus à craindre,
parce qu'un instinct naturel leur fait alors
rechercher la chair. Les anciens ont écrit
que c'était comme remède que les Ours
mangeaient des fourmis. Lorsque la faim
les presse, ils dévorent les cadavres et les
voieries les plus infectes. Les nôtres boivent chacun un demi-seau d'eau par jour;
ils la hument à peu près comme le Cochon. Leurs excréments sont jaunâtres
et très-liquides; ils urinent en avant et
sans lever la cuisse.

L'Ours n'attaque jamais l'homme, mais
quand on le provoque, il est fort dangereux; la femelle sur-tout défend ses petits avec fureur; cet animal cherche à
écraser son ennemi avec ses pattes ou à
l'étouffer entre ses bras; il emploie aussi
ses ongles avec avantage, mais il se sert

peu de ses dents, soit à cause de leur faiblesse, soit parce qu'il craint pour son museau qui est fort faible. Il attaque les quadrupèdes en leur sautant sur le dos; et il paraît que les Chevaux et les Taureaux même ne sont pas toujours en sûreté devant lui.

Sa démarche ordinaire est lente et traînante; il ne court jamais bien et ne peut nager long-temps; mais il grimpe aisément aux arbres, et peut se tenir debout sur les larges plantes de ses pieds, ce qui lui donne beaucoup d'avantage dans le combat : il descend à reculon, tant des arbres que des montagnes un peu rapides.

L'Ours est naturellement triste et sauvage; il mène une vie silencieuse et solitaire, et ne se rapproche de sa femelle que dans la saison de l'amour. Lorsqu'on le prend jeune, on le dresse par force à se tenir sur ses jambes de derrière et à exécuter ainsi quelques mouvements grotesques, mais il ne paraît point qu'il s'attache à son maître, ni qu'il soit sensible aux bons traitements. Les nôtres passent presque tout le jour couchés et dorment toute la nuit. Ils ne crient point à moins qu'on ne les irrite, et quoiqu'ils connaissent leur maître, ils ne lui donnent point de grandes marques d'attachement. Il commence à engendrer dès l'âge de cinq ans et entre en chaleur au mois de juin; l'accouplement dure fort long-temps et se fait par des mouvements très-vifs avec des intervalles de repos. Après avoir fini, le mâle se baigne tout le corps. Ce qu'on a dit de la fureur amoureuse de la femelle, de ses avortements volontaires, de sa position renversée dans l'accouplement, sont autant de fables. Cette femelle porte sept mois, et non pas trente jours comme le croyait Aristote; elle met bas dans sa retraite d'hiver, et fait depuis un jusqu'à trois petits; leur poil court et lustré les fait paraître beaucoup plus jolis que les adultes, ce qui réfute la fable adoptée par les anciens, que ces petits naissent informes, et ne prènent la figure de leur espèce qu'à force d'être léchés par leur mère. Ils sont bruns et ont un collier blanc sur le cou; leur longueur est à peine de huit pouces; mais ils croissent encore de sept ou huit pouces pendant les trois premiers mois. Ils restent un mois les yeux fermés, et la mère les allaite pendant plus de trois. Un Ours femelle a encore mis bas à plus de trente-un ans. Toutes ces observations ont été faites sur nos Ours pendant qu'ils étaient dans les fossés de Berne; on sait qu'on les y élevait, parce que le mot *baer* et *baern* au pluriel, signifie Ours en allemand, et parce que la ville avait la figure de cet animal dans ses armoiries.

J'ai vu un Ours de plus de trois pieds de longueur, qui avait conservé le collier qui fait la livrée du premier âge; seulement il était devenu un peu jaune: une femelle de quinze ans, actuellement dans notre ménagerie, en a encore des vestiges sur les côtés du cou.

L'Ours ne dort pas toujours dans sa
retraite d'hiver, mais la quantité de
graisse qu'il a accumulée pendant la belle
saison, lui rend l'abstinence possible et
même nécessaire. Cette retraite commence et finit avec les grandes gelées;
elle dure donc d'autant moins que le pays
est plus doux; l'Ours choisit un tronc
d'arbre creux, ou un antre souterrain,
ou quelque trou de roche, et lorsqu'il ne
trouve aucune cavité naturelle, il se fait
une hutte avec des branches et des feuillages, qu'il garnit soigneusement de
mousse en dedans. Les deux sexes ne se
réunissent pas; au contraire, la femelle
semble craindre le mâle; non seulement
elle vit très-retirée dès l'instant qu'elle a
conçu, mais elle reste dans sa tanière
beaucoup plus tard que le mâle dans la
sienne, et autant de temps qu'il en faut
pour que ses petits puissent la suivre.
Elle dévore son arrière-faix, ce qui sert
à la soutenir plus long temps dans cette
retraite : c'est sans doute pour l'avoir

vue enlevant avec sa gueule cette enveloppe à ses petits, qu'on aura dit qu'elle
ne met bas que des masses d'une chair
informe qu'elle façonne en les léchant.
Les deux sexes tirent aussi, dit-on, quelque nourriture en suçant leurs pieds; ce
qu'il y a de sûr, c'est que le jeune Ours
dont j'ai parlé plus haut, suçait perpétuellement son pied de devant comme
s'il eut tété. Les anciens ont écrit que
l'Ours, au sortir de sa retraite, mange
de la plante nommée *arum* ou *pied de
veau*, apparemment pour réveiller, par
ce remède âcre, ses intestins si long-
temps inactifs.

L'Ours brun est un animal propre aux
régions montagneuses et boisées des climats froids et tempérés de l'ancien
monde. Il y en avait, du temps des Romains, dans tout l'Appennin; aujourd'hui
ils ne se trouvent plus que dans ses parties les plus désertes : ils sont assez communs dans toute la chaîne des Alpes et
dans les Pyrénées ; il s'en égare encore

quelquefois de Suisse dans les départe-
ments limitrophes de la France. La Sa-
voie en a toujours eu, ainsi que les montagnes de Bohême, de Hongrie, de
Thrace, et les grandes forêts de Po-
logne et de Russie. Ils sont aussi très-
nombreux dans les montagnes et les
grandes forêts du nord de la Scandinavie.
L'Angleterre, d'où les Romains en tiraient autrefois, n'en possède plus aucuns, non plus que l'intérieur de la
France, de l'Allemagne et de l'Espagne.
La Crète n'en a jamais eu. Ce même
Ours brun se trouve en Sibérie comme
en Russie; Gmelin en a vu à Tomsc et
près de Iakutsk; ainsi cette espèce a bien
pu se porter sur les montagnes du nord
de la Chine, où les missionnaires disent
qu'elle existe, et sur celles du Thibet et
du nord de l'Indostan. On peut encore
croire Kœmpfer lorsqu'il assure qu'il y
en a au Japon; mais Turpin qui en place
à Siam, Legentil qui en met à Java, et
Knoxe qui en donne à l'île de Ceylan,

méritent-ils la même confiance ? Et s'il y a des Ours dans des régions dont toutes les parties sont si chaudes, peuvent-ils être de la même espèce que les nôtres ? Zimmermann remarque déjà que s'il y avait eu des Ours à Java, Bontius n'aurait pas manqué de l'annoncer. L'existence de l'Ours brun en Afrique nous paraît encore plus douteuse : Pline ayant trouvé, dans les annales romaines, que sous le consulat de Pison et de Messala, c'est-à-dire 61 ans avant J. C., l'édile curule *Domitius Ahénobarbus*, avait montré dans le cirque cent Ours de Numidie, conduits par autant de chasseurs nègres, rapporte ce fait avec surprise : « Je m'étonne, dit il, qu'on ait employé » l'adjectif *numidiques*; car il est cer- » tain que l'Afrique ne produit point » d'Ours. » *Ursinus*, *Lipse* et *Vossius* ont pensé que par ces mots, *Ours de Numidie*, l'annaliste avait voulu dési- gner des Lions, comme les Éléphants furent d'abord appelés *Bœufs de Lu-*

canie, et ils ont rapporté des médailles
de cet Ahénobarbus, où le revers présente un Homme combattant contre un
Lion. Mais comment les Romains, qui,
selon ce même Pline, avaient déjà vu
plusieurs fois de nombreuses troupes de
Lions, auraient-ils pu nommer cet animal d'une manière si détournée? comment sur-tout Pline aurait-il ignoré cette
synonimie qui devait être encore en usage
de son temps? car on retrouve l'épithète
d'*Ours de Lybie* dans des auteurs ses
contemporains ; Juvénal, Martial, et
Virgile l'avaient employée long-temps
avant eux. Solin, et parmi les modernes,
Crinitus, Saumaise, Aldrovande et Zimmermann ont donc pris le parti de l'annaliste, et ont soutenu que l'Ours existe
en Afrique quoique rarement. Solin dit
même qu'il y est plus beau et revêtu de
poils plus longs; mais le témoignage de
cet auteur, ainsi que celui de Strabon
qui donne aussi des Ours à l'Arabie,
aurait besoin d'être confirmé par celui

9

de quelque voyageur moderne, digne de
foi sur cette matière. Or, je ne trouve
que Shaw qui place des Ours en Barbarie, et il le fait dans une simple énumé-
ration, sans en rien dire de particulier
et sans qu'il paraisse les avoir vus; et le
citoyen Desfontaines, ce savant et courageux naturaliste, qui a fait un long séjour
à Alger, et qui a soigneusement visité
l'Atlas, n'y a jamais apperçu et n'a point
entendu parler d'Ours, quoiqu'il se soit
exactement informé de tous les quadrupèdes qu'on y trouve. Poncet dit bien
qu'une de ses mules fut blessée en Nubie
par un Ours; mais Bruce observe qu'il
aura confondu le mot arabe *Dubbah*,
qui signifie une *Hyène*, avec *Dubb*, qui
signifie un *Ours*. Bruce assure même
positivement à cette occasion, qu'il n'y
a d'Ours dans aucune partie de l'Afrique.
Je ne fais pas mention de Dapper qui
place des Ours au Congo. Aucun autre
témoignage ne confirme le sien, et il
était trop ignorant en histoire naturelle

pour que son rapport isolé puisse méri-
ter quelque créance.

La peau de l'Ours est utile comme
fourrure grossière mais chaude : le vulgaire croit sa graisse plus propre que
toute autre à guérir les rhumatismes et
autres maladies locales ; la chair des
jeunes est mangeable, mais on ne sert
guère sur les bonnes tables que les pieds
salés et fumés ; enfin l'Ours lui-même,
comme destructeur des ruches et des
troupeaux, est un animal très-nuisible :
voilà plus de motifs qu'il n'en faut pour
lui donner la chasse : on les tire à l'affut,
ou on les poursuit avec des Chiens, ou
on met le feu aux arbres dans lesquels
ils se retirent, et on les tue ou les prend
losrqu'ils en sortent, ou on mêle, pour
les enivrer, de l'eau-de-vie au miel qu'ils
aiment avec passion ; enfin, dit-on, les
habitants de quelques pays du Nord les
combattent corps à corps, en plaçant avec
adresse un stylet vertical dans la gueule
de l'Ours, lorsque cet animal se lève

pour les saisir, et en le gouvernant avec
ce stylet.

Buffon a donné une bonne figure de
l'Ours brun; il ne lui manque que d'exprimer suffisamment la convexité du
front. Les deux figures de Riedinger,
copiées dans Schreber, sont dans des
attitudes forcées pour des figures d'histoire naturelle. Jonston a assez bien
rendu l'Ours debout; mais il a masqué
sa figure en y plaçant une muselière.
Les autres gravures des ouvrages d'histoire naturelle, qui représentent l'Ours,
sont généralement grossières; celle de
Gessner, copiée par Aldrovande, par
Schott et par d'autres, a sur-tout ce défaut là. Celle de Perrault ne rend point
du tout la physionomie de l'animal.

Ursus Arctos. l'Ours Brun

LA PANTHÈRE.

FELIS PARDUS.

L'HISTOIRE des grands Chats à peau tachetée, a été tellement embrouillée par les anciens et par les modernes, que les efforts successifs de Gessner, de Bochart et de Buffon, n'ont pu parvenir encore à y porter la lumière; en général, pour éclaircir une nomenclature, il faut commencer par déterminer positivement sur quelles espèces elle a pu porter, et c'est ce que peu de naturalistes sont en état de faire, faute de moyens d'observation; c'est là l'unique cause de cette confusion qui dégoûte les commençants de l'étude de la nature.

Les auteurs systématiques les plus récents, établissent cinq espèces de grands Chats à taches rondes; savoir : la Panthère, *Felis Pardus*; le Léopard, *Felis Leopardus*; l'Once, *Felis Uncia*; le Jaguar, *Felis Onza*; et le Guépard, *Felis Jubata*; ce sont là les seules qui puissent prêter à quelque ambiguïté, car le Tigre royal, *Felis Tigris*, se distingue facilement par ses bandes transversales, et tous les autres, ou par l'uniformité de leur couleur, comme les différents Couguars, *Felis concolor, discolor*, ou par leur petitesse, comme l'Ocelot, *Felis Pardalis;* le Serval, *Felis Serval*, ou par le peu de netteté de leurs taches, comme les différents Lynx, *Felis Lynx, Chaus, Rufa, Manul, Caracal*, etc.

Celle des cinq espèces qui a donné lieu à plus d'erreurs, est le Tigre d'Amérique, appelé, au Paraguay et au Brésil, *Jaguar* ou *Jaguarété;* c'est le plus grand et le plus féroce des animaux carnassiers du nouveau continent ; et tous ceux qui l'ont observé dans le pays même, Bolivar, Ulloa, Estavan, la Condamine, Cattaneo, Sonnini et d'Azzara, le décrivent comme égalant presque en grandeur le Tigre proprement dit, ou Tigre royal. Margrave avait aussi entendu parler d'individus de cette grandeur; mais il n'en vit qu'un petit qu'il jugea être d'une seconde espèce, et c'est celui-là qu'il décrivit sous le nom Brasilien de *Jaguara*, en portugais *Onza*. On croit aussi au Paraguay, qu'il y a une espèce secondaire de Jaguarété qu'on nomme Onça. Buffon, que ses idées systématiques portaient à diminuer toutes les espèces américaines, adopta de préférence la description de Margrave, et sans faire attention à ce que celui-ci ne rapportait qu'en passant d'une espèce plus grande, il rejeta comme exagérée la description que Grégoire de Bolivar donne de cette dernière. Ayant reçu d'Amérique un Ocelot mal conservé, il le crut un Jaguar, et le fit décrire et dessiner sous ce nom, tom. 9, pl. 18; il répète la même faute une seconde fois en faisant représenter un autre Ocelot, suppl. tom. 3 pl. 39, sous le nom de Jaguar de la nouvelle Espagne.

Cette erreur avait été commise avant

lui par les éditeurs d'Hernandès ; Recchi ayant recueilli , pour l'ouvrage de ce célèbre espagnol , deux figures enluminées des deux sexes de l'Ocelot, dont l'une portait pour titre *Tlatlauqui-Ocelotl*, et l'autre *Tlaco-Ocelotl*, Faber , et Columna crurent qu'elles représentaient des animaux différents , et comme elles n'étaient accompagnées d'aucune indication écrite , Faber rédigea ses descriptions d'après ces figures grossières, et Columna appliqua à la première la description verbale que lui fit le capucin Bolivar , des mœurs du *grand Tigre d'Amérique*, qui n'est autre que le *Jaguar*, et à la seconde, l'histoire de ce que ce même Bolivar nommait *Panthère d'Amérique* et qui est le véritable *Ocelot*.

Il est résulté de cette confusion que nous n'avons encore de description du Jaguar, suffisante pour un naturaliste , que celle d'Azzara, et que nous n'en avons aucune bonne figure ; car quoique d'Azzara juge que celle envoyée par

Collinson à Buffon, et insérée par celui-
ci dans son supplément, tom. 3, est faite
d'après un Jaguar, il est facile de voir,
en la comparant avec la description d'Azzara, qu'elle n'est point exacte, et Pennant la regarde comme celle de son
Léopard à crinière. Autant qu'on peut
se représenter un animal d'après une
simple description, il résulterait de celle
d'Azzara, que le vrai Jaguar ne diffère
de la Panthère que par une taille plus
considérable et des taches annulaires
plus grandes sur les côtés.

Cette ressemblance et l'idée trop res-
treinte que donnait de la taille du Jaguar
la description de Buffon, excusent Pennant d'avoir cru que la Panthère d'A-
frique existe aussi dans l'Amérique. Il
n'y existe certainement point d'autre
grand Tigre que le Jaguar. Mais nos
naturalistes en placent encore quatre
dans l'ancien : c'est ceux-ci que nous
allons à présent discuter, en distinguant
soigneusement les faits isolés d'observa-

tion, qui peuvent être tous vrais, d'avec les rapprochements partiels qu'on en fait et les conclusions forcées qu'on en tire, sources de presque toutes les erreurs des livres.

Plusieurs voyageurs rapportent qu'on emploie en Orient, pour la chasse, un animal du genre des Chats, qu'ils nomment Panthère, Léopard, ou petite Panthère. Albert-le-Grand fait déjà mention de cet usage, et dit que les Italiens nommaient, de son temps, ce Léopard chasseur, *Leunza*. Gessner dérive ce mot de Lynx, quoiqu'on ait pu aussi bien le dériver de *Leo*, ou du mot latin *Uncus;* de là est sans doute venu le mot d'*Uncia* employé par Isidore et par Caïus, et celui d'*Onza* appliqué au Jaguar, par les Portugais du Brésil. Tavernier et Chardin appèlent aussi Once le Léopard-chasseur des Persans, que ceux-ci nomment Youzze. Dans la foule de témoignages qui parlent de cette coutume, il ne se trouve aucune bonne description de l'animal ; on s'acorde seulement à dire qu'il est plus petit que la Panthère.

Buffon ayant trouvé, chez les fourreurs, des peaux nommées de Tigres d'Afrique, dont le fond était plus blanc que celui des peaux de Panthères ordinaires, les taches plus grandes, moins régulières, et le poil plus long et moins égal, il jugea qu'elles devaient provenir de l'Once, et c'est seulement d'après ses inductions que cette espèce a été placée dans la liste des animaux; et comme les auteurs arabes et les voyageurs modernes qui ont été en Barbarie, parlent de deux animaux tigrés habitants en ce pays, un grand nommé Nemer, et un petit nommé Feed, Buffon a conclu que ce dernier devait être l'Once : tandis que la même différence de grandeur ayant été indiquée pour les animaux tigrés de Guinée, il a établi pour ce pays-là une troisième espèce qu'il a nommée Léopard.

Cependant, les lambeaux de descriptions que quelques voyageurs nous donnent de leur Tigre - chasseur, ou des synonymes qui lui sont attribués, ne s'accordent pas tous avec les peaux que Buffon a cru lui appartenir. Shaw dit que le Faadh a la peau plus obscure que la Panthère, et Prosper Alpin décrit son animal chasseur comme ayant sur tout le corps de petites taches rondes. De plus, Pennant rapporte tout ce que Tavernier et Bernier ont dit des Tigres-chasseurs de l'Inde, à une autre espèce à poil brunâtre, un peu plus long sur la nuque que sur le reste du corps, à taches noires, rondes et pleines, dont il donne une très-mauvaise figure, en en citant une de Schreber qui ne vaut pas mieux, et en y rapportant la fig. 39 du suppl. tom. 3 de Buffon, que d'Azzara croit un Jaguar, et qui n'a point de long poil sur la nuque; il y rapporte encore le Guépard, dont la peau a été aussi trouvée chez les fourreurs et bien décrite par Buffon, d'après la description duquel les deux dessins ci-dessus paraissent avoir été imaginés; mais

ce Guépard est de la taille d'un Lynx,
et Buffon le croit le même que le Loup
tigré de Kolbe, qui n'est autre que
l'Hyène tachetée; d'ailleurs, d'où Pennant a t-il tiré ces détails sur sa patrie
et sur l'emploi qu'on en fait à la chasse?
Ce naturaliste anglais n'en admet pas
moins que l'Once existe dans tout le nord
de l'Afrique et tout le milieu de l'Asie,
et qu'on l'emploie, dans toutes ces contrées, à la chasse.

Nous avouons que ces divers résultats
ne nous ont point semblé pouvoir satis-
faire une critique éclairée, et qu'ils
contredisent en quelques points ce que
nous avons observé nous-mêmes, tant
sur un assez grand nombre d'animaux
entiers, soit vivants, soit empaillés, que
sur une multitude de peaux que nous
nous sommes fait représenter chez les
marchands. D'abord, la nomenclature
que ceux-ci employaient du temps de
Buffon, n'est plus la même aujourd'hui;
aucun d'eux ne connaît le mot de Gué-

pard, quoique quelques-uns ayent vu le Lynx à crinière ; ensuite ils ne distinguent point le Léopard de l'Once ; mais tout ce qui n'a pas des taches œillées porte le nom de Tigre, et tout ce qui a ces taches œillées celui de Panthère : or, il y a tant de variétés dans ces peaux, depuis les taches composées d'un cercle entier avec un point au milieu, jusqu'à celles dont le cercle extérieur est plus ou moins interrompu, et à celles qui ne représentent que des roses ou des amas irréguliers, qu'il est impossible de savoir ou s'arrêter ; Buffon lui-même ne donne de taches œillées, dans ses figures, qu'à la Panthère femelle : le mâle n'a que des taches en roses ; le fond de la couleur ne varie pas moins que les taches ; il passe par nuances insensibles du fauve au jaune doré, au jaune pâle et au blanchâtre. Qui ne verrait que deux peaux extrêmes, établirait des espèces ; mais en voyant les intermédiaires, il les effacerait.

Les taches œillées ne se trouvent d'or-

dinaire que sur les plus grandes peaux,
et pourraient bien être le caractère de
l'état adulte ; les Panthères ordinaires
des ménageries n'en ont presque jamais
qui soient parfaitement telles. Le citoyen
Desfontaines a rapporté de Barbarie,
sous le nom de Panthère, une peau qui
se rapproche tellement de celle que
Buffon attribue à l'Once, qu'on aurait
peine à l'en distinguer. Ce savant n'a
point entendu dire qu'on se serve de cet
animal à la chasse dans ce pays ; et le cit.
Olivier qui a vu en Perse l'espèce qu'on
y emploie, la décrit comme plus petite
que le Lynx. Ludolphe place en Abyssinie deux animaux tigrés ; l'un à grandes
taches noires ; l'autre à petites taches disposées en roses : c'est ce dernier qu'il
nomme Panthère ; il appèle le premier
Tigre, mais il n'établit entre eux aucune
différence de grandeur. Presque tous
ceux qui ont été dans le midi de l'Afrique, décrivent aussi deux ou trois animaux tigrés, dont ils nomment l'un

Tigre et l'autre Panthère ; mais il est facile de voir que leurs Tigres sont toujours les mêmes que nos Panthères actuelles ; et que leurs Panthères sont des espèces secondaires beaucoup plus petites, comme le Serval ou autres. Bosman avoue qu'il n'a pu reconnaître parmi les Tigres de Guinée aucunes différences fixes.

Au milieu de ces incertitudes et de ces contradictions, nous n'avons qu'un parti à prendre, c'est de décrire exactement et successivement ce qui s'offrira à nous, comme si rien n'eût été fait. C'est là le but principal d'une ménagerie, et nous espérons que l'ouvrage actuel atteindra ce but, autant qu'il sera possible, avec nos moyens.

L'animal que nous allons décrire est celui que les marchands d'animaux nomment ordinairement Panthère ; il nous est apporté d'ordinaire des côtes de Barbarie, et se prend dans les forêts du Mont Atlas. Nous en avons eu quatre in-

dividus à la ménagerie ; deux sont encore vivants : c'est le plus jeune des
quatre, mort il y a deux ans, qui a servi d'original à cette gravure. Celui que
je prends pour sujet de ma description,
est le plus grand des deux qui vivent
aujourd'hui : il a le fond du poil d'un
fauve clair, sur le dessus et les côtés du
corps, et sur la face externe des membres ; leur face interne et tout le dessous
du corps sont d'un blanc un peu tirant
sur le cendré ; toutes les parties sont cou-
vertes de taches, excepté le nez qui est
d'un gris-fauve uniforme ; les taches de
la tête, du cou, du haut des épaules et
des quatre jambes, sont pleines, petites
et ne forment ni anneaux ni roses, elles
sont plus grandes sur les jambes de derrière qu'ailleurs ; celles des parties postérieures du dos sont en forme d'anneaux
noirs, interrompus, et dont le milieu est
un peu plus foncé que le reste du poil ;
celles des côtés du corps forment des
anneaux plus petits et plus interrompus

que les précédents. Tout le dessous du corps et le dedans des membres ont de grandes taches noires, simples et irrégulières ; elles forment sous le cou deux ou trois bandes noires, interrompues. Les taches du bout de la queue sont plus grandes que les autres et placées sur un fond plus pâle. La mâchoire inférieure est blanche, avec une grande tache noire sur chaque côté qui contribue beaucoup à donner du caractère à la physionomie; la mâchoire supérieure est fauve, et a des lignes de points noirs disposés très-régulièrement.

L'autre individu vivant diffère de celui-là, en ce qu'il est un peu plus petit, que son pelage est plus gris, ses anneaux plus interrompus, leur milieu plus pâle, et en ce que les taches en anneaux se portent plus avant sur le cou et plus bas sur les cuisses. Sa tête paraît un peu plus fine et ses pieds de devant un peu plus larges. Le jeune individu qui a servi de modèle à la figure, avait les taches et anneaux plus larges, les taches pleines des cuisses beaucoup plus grandes, et celles de la queue plus petites. Le fond de son pelage était d'un fauve plus vif.

La peau rapportée par le citoyen Desfontaines a en général plus de noir, et les taches du milieu du dos sont si rapprochées qu'elles semblent faire une bande noire qui suit la direction de l'épine. Le fond de cette peau est plus pâle que celui des nôtres.

Ces peaux à fond pâle, mais dont les taches sont larges et espacées comme celles de l'individu gravé, se trouvent chez les fourreurs: ils recherchent de préférence cette variété pour les couvertures de chevaux, et c'est sans doute celle dont Buffon aura fait son Once, tandis que les peaux à fond fauve auront été regardées par lui comme appartenant à son Léopard; nous sommes persuadés qu'elles viènent toutes de la même espèce.

Nous avons hésité quelque temps à

prononcer affirmativement sur la grande
Panthère des foureurs, à taches parfaitement œillées ; est-ce l'animal que nous
venons de décrire, parvenu à un âge
avancé? Est-ce sa femelle qui, au rapport
des anciens, est toujours plus grande que
le mâle? Est-ce une espèce différente?
On ne pourra décider les deux premières questions que lorsqu'on aura vu l'a-
nimal entier vivant et son squelette, ou
lorsque les voyageurs ne se contenteront
plus d'indiquer d'une manière vague les
animaux à peau tigrée ; mais qu'ils en
donneront de bonnes figures et des descriptions exactes, toutes les fois qu'ils le
pourront. Quant à la dernière question,
nous croyons la pouvoir nier, parce que
nous avons vu depuis peu, au cabinet
de l'école vétérinaire d'Alfort, deux
Panthères de même grandeur, et prises
dans le même pays, dont l'une a des
taches en forme d'yeux, et l'autre de
simples anneaux interrompus. Nous pen-

sons donc qu'il faut effacer l'Once et le Léopard de la liste des quadrupèdes, pour n'y laisser que la Panthère.

Les Grecs ont connu la Panthère sous le nom de *Pardalis* ; Xénophon en décrit la chasse ; Aristote indique avec exactitude plusieurs traits de son organisation, et Oppien en donne une description assez reconnaissable ; il en indique même de deux grandeurs différentes, dans lesquelles on a voulu reconnaître la grande Panthére et l'Once, quoiqu'il dise que sa petite espèce est la même que le Lynx.

Les Romains donnèrent au Pardalis le nom de *Panthera*, qu'ils tirèrent d'un mot grec qui désigne un tout autre animal. On voit, par la description qu'en donne Pline, que c'était surtout la variété à fond blanchâtre qu'ils désignaient par ce nom. Jamais aucun peuple ne vit tant de Panthères que celui de Rome. Scaurus en montra cent cinquante à la

fois à ses jeux, Pompée quatre cent dix,
Auguste quatre cent-vingt. Elles étaient
alors plus communes et plus répandues
qu'aujourd'hui ; l'Asie mineure en était
pleine : Cœlius écrivait à son ami Cicé-
ron qui gouvernait la Cilicie : » Si je ne
» montre pas dans mes jeux des trou-
» peaux de Panthères, on vous en attri-
» buera la faute. » Xénophon en place
même en Europe, sur le mont Pangée
en Thrace, et au nord de la Macédoine ;
mais peu de temps après Aristote assure qu'il n'y en avait plus qu'en Asie et
en Afrique.

Le mot *Pardus* a été employé par les
Romains, d'abord sans doute pour exprimer quelque variété de couleur,
qu'ils ont cru ensuite devoir attribuer
au sexe, et enfin ce mot a été regardé
comme synonyme de celui de *Panthera*;
quant à *Leopardus*, il a désigné dans
son origine un produit supposé du Lion
et de la Panthère, que l'on disait être un

Lion sans crinière; on l'a employé depuis Jules-Capitolin, pour désigner la Panthère elle-même.

Aujourd'hui la Panthère et ses variétés sont communes dans toutes les parties de l'Afrique, depuis la Barbarie jusqu'au Cap. Les plus belles vièrent de Maroc et de Constantine. Si le Tigre-chasseur des Persans n'était pas une sorte de Lynx, comme je le crois, il faudrait admettre que la Panthère ou sa variété blanchâtre, l'Once, s'étendent fort avant dans la haute Asie, et qu'il y en a jusque sur les frontières de la Tartarie Chinoise. On assure même que la Chine fournit à la Russie des peaux tigrées toutes semblables à celles d'Once.

La force de la Panthère, les grands sauts qu'elle peut exécuter, ses canines aiguës, ses ongles tranchants, en font un animal très-dangereux; sa manière de chasser consiste à se tenir en embuscade dans un buisson et à s'élancer sur la proie qui vient à passer ; elle détruit beaucoup de Singes, d'Antilopes, de Bufles, et l'Homme n'est pas toujours à l'abri de ses attaques, mais seulement, au rapport de Léon l'Africain, lors-qu'elle le rencontre dans quelque chemin étroit. Sa proie favorite est le Chien, mais elle ne recherche pas beaucoup les Moutons, *Léon afr.*, p. 381. Il paraît qu'en Abyssinie sa férocité augmente dans la même proportion que celle de l'Hyène, car Ludolphe assure qu'en ce pays elle n'épargne jamais l'Homme.

On ne sait rien de positif sur sa géné-ration ; dans l'état de captivité elle ne s'adoucit que médiocrement, cependant tant qu'elle est jeune, elle aime à jouer avec son maître et imite parfaitement les mouvements d'un jeune Chat. Elle mange cinq à six livres de viande par jour, rend des excrements très-liquides, à moins qu'on ne lui ait donné des os,

Felis Pardus   *La Panthère*

urine en arrière, et se plaît à lancer son urine contre ceux qui la regardent.

Nous ne connaissons de bonnes figures de la Panthère que celles de Buffon copiées par Schreber.

LA CIVETTE.

VIVERRA CIVETTA.

On trouve dans les pays chauds de notre continent, quelques quadrupèdes qui, en même temps qu'ils se rapprochent des Martes, par la forme alongée de leurs corps, ressemblent un peu aux Chats, par les épines qui revêtent leur langue, et par leurs ongles à demi redressés lors de la marche, et conservant ainsi une partie de leur tranchant et de leur pointe. La plupart de ces quadrupèdes se font encore remarquer par une odeur agréable qu'ils doivent à une sorte de pommade produite par des glandes situées au-dessous de leur anus, et plus ou moins développées selon les espèces.

Linnæus les avait d'abord rapprochés du *Blaireau*; il en a fait ensuite, avec raison, un genre particulier, sous le nom de *Viverra*; mais il leur a depuis associé des animaux différents, comme la Mangouste et les Mouffettes, et son nouvel éditeur ayant porté cet abus encore plus loin, il est arrivé que ce genre *Viverra*, sans parler des espèces purement imaginaires qu'on y a fait entrer, ne répond presque plus au type primitif d'après lequel il avait été formé; c'est pourquoi nous croyons devoir le restreindre aux espèces qui réunissent les caractères indiqués ci-dessus.

Leur pelage est varié et leur taille médiocre; elles vivent de chair, d'œufs, de sang et de toutes sortes de matières sucrées; elles ont toutes cinq doigts à chaque pied, le museau assez pointu, les dents incisives au nombre de six, tant en haut qu'en bas, et rangées également, sans qu'il y en ait de rentrées en dedans comme dans les Martes: leurs molaires sont aussi au nombre de six de chaque côté, tant en haut qu'en bas, et sur les vingt-quatre, il y en a en arrière huit qui sont plates plutôt que tranchantes, ce qui permet à ces animaux de mélanger leurs aliments de quelques matières végétales. Leurs intestins présentent peu de différence entre la partie qu'on nomme *grêle* et celle qu'on nomme *grosse*; il y a cependant sur les limites de ces deux parties un petit cœcum, en quoi ces animaux diffèrent essentiellement des Martes.

Il y a des espèces dans lesquelles on observe sous l'anus une poche profonde, où les glandes déposent leur pommade odorante en assez grande quantité; ce sont les *Civettes* proprement dites; dans d'autres, on ne voit au lieu de poche qu'un léger sillon qui ne contient que quelques parcelles de cette substance; elles ne répandent qu'une odeur faible : on les nomme *Genettes*.

Ce nom de *Civette* était inconnu des anciens; il vient, dit-on, d'un mot arabe qui signifie *parfum*, et son premier emploi parmi nous a été en effet de désigner la pommade et non l'animal.

Cette substance a été long-temps un

objet de commerce considérable; on la vantait beaucoup en médecine, et il a été à la mode, pour les gens qui se piquaient d'élégance, d'en porter dans leurs vêtements, comme on y a porté depuis du musc et ensuite de l'ambre. Elle entre encore aujourd'hui dans la composition de quelques médicaments et de quelques parfums; mais la consommation en est prodigieusement diminuée. On l'apportait des Indes et de l'Afrique, en Europe, par la voie d'Alexandrie et de Venise, et quelquefois ont fit venir aussi, par curiosité, les animaux qui la produisaient. Cardan, Scaliger, en virent en Italie; Agricola, Kentmann, en Allemagne, et Cajus, en Angleterre. Bélon en observa un à Alexandrie, et depuis que le goût de l'histoire naturelle est devenu plus général, on en a eu dans beaucoup de ménageries. Les académiciens de Paris en disséquèrent cinq; *Blasius*; *Swammerdam*, *Morand* et *la Peyronie*, chacun un; plusieurs autres natura-

listes eurent le même avantage. Cependant aucun de ces observateurs ne s'ap-
perçut qu'ils confondaient deux espèces
ou variétés différentes, dont ils mêlaient
les descriptions; et *Buffon* fut le premier qui les distingua : il fit remarquer
que dans les unes la queue était plus
longue et nettement marquée d'anneaux
blancs et noirs, tandis que dans les
autres elle était plus courte et moins variée en couleur; que celles-ci avaient de
plus une crinière susceptible de se redres-
ser, qui manquait aux premières, et que
leur museau était moins aigu; il réserva
le nom de *Civette* à cette espèce à crinière, et donna celui de *Zibeth* à celle
à queue longue et bien annelée. Mais
Buffon voulut en même temps établir entre les deux espèces une distinction de
climat qu'il n'est pas possible d'admettre;
il est bien vrai que la Civette se trouve
en Afrique; mais il n'est pas prouvé
qu'elle n'existe que là, ni qu'elle y existe
seule; on pourrait même douter qu'il y

ait aucune preuve certaine que le Zibeth vient de l'Asie. L'animal de Cajus, dans Gessner, venait d'Afrique, et était pourtant un vrai Zibeth ; et celui de la Peyronie, que Buffon lui-même regarde comme un Zibeth, venait du Sénégal. La figure de Bélon elle-même, ressemble plus au Zibeth qu'à la Civette.

Il est assez singulier qu'un animal si remarquable n'ait pas été indiqué par les anciens, qui en ont connu de beaucoup plus éloignés d'eux par le climat : cependant c'est un fait certain, quoique Gyllius ait cru que la Civette était le *Pardalis*, et que Bélon ait voulu y retrouver l'*Hyæna*.

Nous avons vu à l'article de la véritable *Hyène*, ce qui a trompé Bélon ; quant à Gyllius, il se fondait sur ce que disent quelques anciens, que le *Pardalis* attirait les autres animaux par une odeur agréable ; mais outre que ces termes sont fort équivoques, et n'indiquent pas positivement que cette odeur plaisait aussi à l'homme, il y a des preuves positives que le *Pardalis* est notre *Panthère*. Quoi qu'il en soit de ces disputes, c'est de la Civette proprement dite que nous avons à traiter dans cet article.

Ce quadrupède a environ deux pieds trois ou quatre pouces de long, sans compter la queue, sur dix à douze pouces de hauteur au garrot. Son museau est un peu moins pointu que celui du Renard, mais il l'est un peu plus que celui de la Marte ; ses oreilles sont arrondies et courtes; de longues moustaches garnis- sent ses lèvres ; les pouces, et surtout ceux de derrière, sont plus courts que les autres doigts. Le poil qui recouvre son corps est assez long et un peu gros- sier ; celui surtout qui règne sur le milieu du cou et du dos forme une espèce de crinière que l'animal redresse lorsqu'on l'irrite; les poils de la queue sont touffus, et ceux de sa partie supérieure se re- lèvent comme ceux du dos. La couleur générale de cet animal, est un gris-brun assez foncé, varié de taches et de bandes d'un brun-noirâtre; une bande de cette dernière couleur règne depuis la nuque jusqu'au bout de la queue; les côtés du corps sont parsemés de taches irrégulières, qui deviènent plus grandes sur la croupe et sur les cuisses. Les quatre jambes sont d'un brun-noirâtre uniforme; ainsi que la moitié postérieure de la queue; à la base de cette queue sont trois ou quatre anneaux de la même couleur. La tête est blanchâtre; mais une large bande brune, après avoir entouré l'œil, descend sur la joue et sous le menton; le dessous de la gorge est brun, et des lignes de cette couleur rémontent obliquement sur les côtés du cou.

L'article le plus remarquable de son anatomie, c'est l'organisation de sa bourse; elle s'ouvre au dehors par une fente longue, située entre l'anus et les parties de la génération, et pareille dans l'un et l'autre sexe, ce qui fait qu'il est assez difficile de les distinguer. Cette fente conduit dans deux cavités pouvant contenir chacune une amande ; leur paroi interne est légèrement velue, et percée de plusieurs trous qui conduisent chacun dans un follicule ovale, profond de quelques lignes, et dont la surface concave est elle-même percée de beaucoup de pores ; c'est de ces pores que naît la substance odoriférante ; elle remplit le follicule, et lorsque celui-ci est comprimé, elle en sort sous forme de *vermicelli*, pour pénétrer dans la grande bourse. Tous ces follicules sont enveloppés par une tunique membraneuse qui reçoit beaucoup de vaisseaux sanguins, et cette tunique est à son tour recouverte par un muscle qui vient du pubis, et qui peut comprimer tous les follicules, et avec eux la bourse entière à laquelle ils s'attachent : c'est par cette compression que l'animal se débarrasse du superflu de son parfum. On a remarqué qu'outre la matière odorante, il s'en produit une autre qui prend la forme de

soies roides et qui se mêle à la première.
La Civette a de plus, de chaque côté de
l'anus, un petit trou d'où découle une liqueur noirâtre et très-puante.

On n'a point de détails sur le genre de
vie des Civettes, sur leur génération,
sur le nombre de leurs petits, l'époque
de leur naissance, le terme de leur accroissement et celui de leur vie, ni sur
les ressources que peut leur avoir données la nature pour se nourrir et pour se
défendre : on sait seulement que quand
elles ne sont pas apprivoisées dès leur
jeunesse, elles montrent un caractère
farouche et même une sorte de férocité;
la moindre nouveauté excite leur colère,
qu'elles marquent surtout en criant et
en hérissant les poils de leur crinière:
c'est dans cette attitude que le cit. Maréchal s'est plu à représenter la nôtre,
parce que c'est en effet ainsi qu'on la
voyait le plus souvent : mais lorsqu'on
s'y prend de bonne heure, on les rend
aussi douces et aussi familières que les

Chats les mieux privés. Bélon, Scaliger en ont vu qui suivaient leurs maîtres partout, et qui se laissaient manier par tout le monde. Il paraît même que presque tout le parfum de Civette qui est dans le commerce, vient d'animaux élevés en esclavage.

On dit encore que les Civettes recherchent les terrains arides et sablonneux, et qu'on n'en voit point dans les lieux humides et ombragés ; les pays chauds sont les seuls qui leur conviènent ; portées dans nos climats, elles ne laissent pas de produire leur parfum, mais elles ne multiplient point.

Le pays natal de la Civette proprement dite, paraît être la partie moyenne de l'Afrique, encore n'y est-elle pas également répandue partout : elle est fort abondante en Guinée ; il en vient quelquefois en Égypte, des pays situés au Sud-Ouest et habités par des Nègres ; ceux-ci les regardent cependant comme une rareté. Quant à l'Asie, il est presque impossible de distinguer, dans les relations des voyageurs, les pays qui produisent le Zibeth, d'avec ceux où se trouve la Civette; et on est obligé de dire en général que l'une ou l'autre espèce habite dans toute la région chaude de cette partie du monde, depuis l'Arabie jusqu'à la Nouvelle Guinée, si même plusieurs de ces voyageurs n'ont pas pris pour elles l'espèce beaucoup plus petite et à taches plus distinctes, décrite par Sonnerat, sous le nom de *Civette de Malacca*, et par Buffon, sous celui de *Genette du Cap* (1).

On a cru long-temps, sur la foi des éditeurs d'Hernandès, que la Civette

(1) On ne sait pourquoi la note manuscrite de Sonnerat, d'après laquelle Buffon a rédigé l'article de cette Genette du Cap, n'est pas d'accord avec ce que le même Sonnerat dit, dans son voyage, de la Civette de Malacca; mais il suffit de comparer les deux figures pour voir qu'elles appartiennent au même animal.

habitait aussi en Amérique; en effet, Recchi avait laissé une figure assez exacte du Zibeth, sous le nom d'*animal Zibethicum Americanum*; et le capucin Bolivar avait raconté à Faber, que cet animal se trouvait dans toute l'Amérique méridionale comme en Afrique, et même qu'on faisait au Brésil un grand commerce de son parfum; mais Buffon, et d'après lui Zimmermann, observent que Hernandès dit positivement qu'il n'y a de Civettes en Amérique que celles qu'on y apportent des Philippines: il est vrai que M. d'Azzara cherche à excuser Bolivar, en disant qu'il a pu prendre le *Viverra vittata* du Brésil pour une Civette, parce qu'il sent le musc quand on l'irrite; mais il faudra toujours que ce religieux ait manqué de mémoire, lorsqu'il a avancé que les Brésiliens en recueillaient et en vendaient le parfum.

Cette substance se prend sur des Civettes domestiques et vivantes, ou bien elle se recueille sur les rochers et sur les

arbustes où les Civettes sauvages s'en
sont débarrassées, car elle les incommode lorsqu'elle est trop abondante. On
s'apperçoit de cette abondance à l'inquiétude que ces animaux manifestent,
et aux mouvements qui les agitent, et
on les en délivre en les saisissant par les
pieds et par la tête, et en introduisant
une petite cuillère dans la bourse qui
recèle la pommade odorante. Leur sueur
répand aussi une odeur de musc; mais
l'opinion de ceux qui prétendent qu'on
mêle cette sueur à la vraie Civette pour
en augmenter la quantité, n'en est pas
moins très-invraisemblable. Comment la
recueillerait-on, et à quoi monterait-elle
quand elle serait desséchée? Il faut tenir ces animaux sèchement et proprement, et les bien nourrir; mieux ils le
sont, plus leur parfum est abondant. Les
mâles donnent plus de pommade que les
femelles; mais l'odeur de celles-ci est du
double plus forte, selon quelques auteurs. Cette odeur est d'une force insup-

portable lorsque la matière est fraîche;
ce n'est qu'après un certain temps qu'elle
s'affaiblit assez pour devenir agréable.
Les Civettes aiment le sucre, les œufs,
les petits oiseaux et surtout le poisson.
Quelque cher que soit leur entretien, il
paraît qu'on trouve encore un assez grand
profit dans la vente de leur parfum. Il y
en avait autrefois à Lisbonne qui étaient
d'un grand revenu pour leurs proprié-
taires. Buffon dit qu'on en élève encore
à Amsterdam pour en recueillir la Civette.

Pendant que les Français occupaient
l'Égypte, le roi nègre du Darfouhr en-
voya quatre Civettes à leurs principaux
généraux. On apprit à cette occasion
quelques détails qui m'ont été commu-
niqués par mon savant ami, le professeur Geoffroy; les Darfouriens ont peu
de Civettes; elles leur viènent de régions encore plus éloignées; mais voici
comment ils s'y prènent pour en augmenter le produit: on place dans la poche

à musc un petit morceau de beurre ou d'autre corps gras; on agite alors l'animal en le secouant avec force par les pieds, et même en le frappant de façon à le mettre dans une sorte de fureur; cette pression accélère la sécrétion de la matière odorante, et le corps gras s'en pénètre tellement, qu'il a presque autant d'effet que la pommade elle-même : les femmes du Darfouhr employent ce beurre imprégné de Civette pour huiler leurs cheveux. C'est sans doute au traitement barbare que les Civettes ont éprouvé dans ce psys-là, qu'elles doivent en grande partie la férocité qu'elles nous montrent.

L'individu que notre planche représente, avait été acheté à Nantes, d'un capitaine qui revenait de la traite des Nègres, et qui assura que cette Civette était âgée de deux ans. Elle en a vécu cinq à la ménagerie, ne s'y nourrissant que de chair, dont elle mangeait environ deux livres par jour; elle buvait un ou deux verres d'eau. Ses excréments étaient fort durs, et semblables, pour la grosseur et pour la couleur, à des grains de café : elle urinait en arrière, très-peu à la fois, et son urine était très-infecte.

Son odeur musquée était continuelle ; mais elle devenait plus forte qu'à l'ordinaire, lorsqu'on irritait l'animal : dans ces moments-là il tombait de sa poche de petits grumeaux de matière odoriférante ; lorsqu'on le laissait tranquille, il en tombait aussi, mais de loin en loin, et seulement tous les quinze ou vingt jours.

Cette Civette passait presque tout le jour et toute la nuit à dormir, se tenant roulée en rond et la tête entre les jambes ; il fallait la menacer ou la frapper pour qu'elle se relevât.

La meilleure figure de la Civette, avant celle que nous publions, est celle de Perrault ; vient ensuite celle de Buffon ; celles de Jonhston et de Blasius peuvent passer pour médiocres, et les autres pour mauvaises.

Viverra Civetta
la Civette
Miger Sc.

LE ZÉBU.

BOS TAURUS INDICUS.

Il en est du genre des Bœufs comme
de la plupart des grands animaux ; le
volume de leurs dépouilles a empêché
d'en recueillir beaucoup dans les cabi-
nets ; les voyageurs qui les ont observés
sur les lieux n'en ont point donné de
bonnes figures ni de descriptions détail-
lées, et les naturalistes ne pouvant établir de comparaisons, restent dans la
plus grande incertitude sur le nombre
des espèces et sur la généalogie des
variétés.

On compte communément cinq espèces
que l'on regarde comme différentes de
notre Bœuf commun ; savoir : le *Buffle*,
venu de l'Orient en Égypte, en Grèce
et en Italie, pendant le moyen âge, et
très-commun aujourd'hui dans tous ces
pays, quoiqu'il n'y existât point du temps
des anciens ; le *Buffle du Cap* ou des
Hottentots, remarquable par ses énor-

mes cornes, dont les bases se touchent sur le milieu de la tête; le *Yack, Bœuf à queue de Cheval*, ou *Bœuf grognant*, de Tartarie et surtout de Thibet; le *Buffle musqué*, de la Baie de Hudson, qui a les cornes disposées comme celui du Cap, mais qui est beaucoup plus petit; et l'*Arni* ou Buffle sauvage des Indes; toutes les autres races de Bœufs, soit domestiques, soit sauvages, à bosses ou sans bosses, répandues dans les deux continents, passent pour être descendues d'une seule et même espèce, dont la souche est, dit-on, l'*Aurochs* ou Bœuf sauvage des forêts de la Lithuanie.

Buffon qui a établi cette opinion, ne nous paraît pourtant pas l'avoir mise hors de doute. Il se fonde d'abord sur la supposition qu'il y a, dans le nord de notre continent, deux races de Bœufs sauvages, l'une sans bosse, qui est l'Aurochs, et l'autre bossue, qui est le Bison, et que ces deux races produisent ensemble des individus féconds. Cette dernière

circonstance n'a pas été observée immédiatement, mais elle se conclut par un
long circuit; le Bœuf domestique ou
Zébu, produit avec le Bœuf domestique sans bosse; or, le premier est un
descendant du Bison; le second en est un
de l'Aurochs; donc le Bison et l'Aurochs
produiraient ensemble. Il est clair que
ce raisonnement suppose que l'Aurochs
et le Bison sont différents; et qu'ils ont
produit, l'un le Bœuf et l'autre le Zébu.
Voilà la question qu'il faut examiner.
C'est dans les témoignages des anciens
que Buffon cherche ses premières preuves de l'existence de deux races.

Aristote parle d'un Bœuf sauvage des
montagnes situées entre la Pœonie et la
Médie, qu'il nomme *Bonasus*; la description qu'il en fait est si détaillée, qu'on
voit qu'il avait l'animal sous les yeux:
« *Il est grand comme un Taureau,*
» *dit-il, mais plus épais et plus court*
» *de corps; sa peau étendue peut ser-*
» *vir à coucher sept personnes. Son*

» encolure est revêtue d'une crinière
» de poils plus doux et plus serrés que
» celle du Cheval. Cette crinière est
» d'un gris roussâtre ; elle descend
» jusque sur les yeux. Le poil du reste
» du corps est blond. On n'en voit
» point de noirs ni de roux. Les pieds
» sont velus et fourchus ; les dents et les
» parties intérieures sont semblables à
» celles du Bœuf. Hist. an I. IX. c. 45.
» et de mirab. ausc. initio. » Jusque là
cette description ne contient rien d'essentiel qui ne s'accorde avec l'Aurochs ; car
l'Aurochs a aussi toujours les poils du
cou plus longs que les autres ; c'est ce qui
suit qui a embarrassé les naturalistes :
» Ses cornes sont inutiles au combat,
» parce que leur pointe est dirigée vers
» le bas, et se recourbe de manière
» qu'elles représentent des cercles. Loc.
» cit. et hist. an. lib. II cap. 1, et lib. III
» c. 2. » Mais ici Aristote attribue probablement à toute l'espèce une circonstance particulière à l'individu qu'il ob-

servait ; circonstance peu importante, car la direction des cornes est sujette à varier dans ces animaux ; circonstance enfin que nous avons retrouvée en partie dans un squelette d'Aurochs du Muséum, dont une des cornes est absolument contournée comme Aristote le dit de celles du Bonasus. Il n'est pas besoin de s'arrêter à la propriété attribuée à cet animal de projeter, lorsqu'il est poursuivi, des excréments si chauds qu'ils brûlent les poils des Chiens sur lesquels ils tombent. Il est clair que c'est là une fable rapportée au philosophe par les gens qui lui amenèrent le Bonasus; il semble nous prévenir lui-même qu'il n'en a pas été témoin, en remarquant que dans l'état tranquille ses excréments n'ont rien d'extraordinaire.

C'est cependant cette circonstance fabuleuse que les copistes d'Aristote ont eu le plus de soin de recueillir ; Pline, lib. VIII, c. 15, et Élien, lib VII, c. 3, la rapportent sans rechercher quel animal ce pouvait-être que ce Bonasus. Le même Pline parle dans le même endroit, des Bœufs sauvages de la Germanie, et il a l'air d'en reconnaître deux espèces : *Jubatos bisontes, excellentique et vi et velocitate uros* ; et dans un autre endroit il suppose qu'elles n'avaient point été observées par les Grecs; *nec uros aut Bisontes habuerunt in experimentis græci*, lib. XXVIII, c. 11. Voilà tout ce qu'il dit du Bison; et quant à l'Urus, il se borne à rapporter ailleurs la capacité de ses cornes, et l'usage qu'en faisaient les Germains pour boire. Un passage de Solin, qui se rapporte au Bison et à l'Urus, n'est qu'une phrase de celui de Pline.

Oppien a parlé depuis du Bison en poëte, et en poëte très-inexact, puisqu'il lui attribue une langue âpre; et Pausanias le fait venir de Pœonie, patrie du Bonasus.

Cæsar décrit assez bien l'Aurochs, sous le nom d'*Urus*, et ne parle point

du Bison ; mais Sénèque et Martial distinguent, comme Pline, l'un et l'autre
animal :

> *Tibi dant variæ pectora Tigres,*
> *Tibi villosi terga Bisontes*
> *Latisque feri cornibus uri.*

Sénèque. Hippol.

Et

> *Illi cessit atrox Bubalus atque Bison.*

Mart.

Vers dans lequel le mot *Bubalus* désigne l'Urus ; car c'est ainsi que le vulgaire le nommait, comme nous l'avons
observé à l'article Bubale.

Les modernes ont donc cherché à retrouver ces deux Bœufs sauvages ; Gyllius a appliqué au Bison ce que Cæsar
dit du Renne ; Érasme Stella croit que
le Bison est le même que l'Élan ; Olaüs
Magnus et Albert le Grand ont confondu
le Bison et l'Urus ; Gessner est le seul
des naturalistes, du temps de la renais-
sance des lettres, qui ait voulu les dis-

11

tinguer, et cela sur deux figures prises
d'ouvrages différents; l'une, des com-
mentaires sur les affaires de Moscovie,
par Sigismond d'Herberstein ; l'autre,
d'une carte de Moscovie , d'Antoine
Wied ; il croit la première du Bison,
la seconde de l'Aurochs, et cependant
un coup-d'œil suffit pour faire juger
qu'elles ne représentent qu'un seul et
même animal qui est toujours l'Aurochs.
Pallas nous explique complettement les
petites différences que ces figures présentent, et même l'origine de cette du-
plication de l'espèce , en nous appre-
nant que les vieux mâles Aurochs pré-
nent des poils plus longs , et une saillie
plus forte sur les épaules que les jeunes
et les femelles. Les figures de Gessner
ne sont donc pas plus que les témoignages des anciens , une autorité suffisante
pour prouver qu'il y a dans le Nord
deux races distinctes de Bœufs sauvages.

　Rachzinski, auteur polonais, ne parle
du Bison que d'après Gessner , et il dit

même positivement que la figure d'Herberstein appartient à l'Aurochs ; et le
Thur des Polonais, que quelques-uns
ont cru être le Bison, n'est selon Pallas,
autre chose que le Buffle ordinaire.

C'est parce que Buffon ne connaissait
pas bien le Bœuf ou Vache grognante de
Tartarie, qu'il a rapporté ce qu'en disent
Bell et Gmelin, à l'espèce du Bison,
suppl. III. Il a voulu ensuite, suppl. tom.
VI 45, d'après Forster, rapporter à ce
même Bison ce que Cantemir dit du
Zimbr, ou Bœuf sauvage de Moldavie ;
mais ce Zimbr est sans doute le même
que le Zuber des Polonais, qui est certainement l'Aurochs, et Cantemir ne dit
pas un mot de bosse dans sa description.

Le prétendu Bison blanc d'Écosse,
qui existe encore dans quelques parcs
de ce pays, où l'on croit, au rapport de
Forster et de Pennant, hist. quadr. pl.
16, que l'esclavage lui a fait perdre sa
crinière, n'a point non plus de bosse notable dans la figure qu'en donne Gess-

ner, et n'est probablement qu'une variété de l'Aurochs.

Les Bisons qu'Allamand et Buffon ont
fait représenter, venaient d'Amérique,
et non de l'ancien continent ; ceux-là
avaient vraiment une bosse très-visible
sur le garrot, et une crinière de longs
poils : on les connaît bien aujourd'hui
par les figures de ces deux auteurs, par
celle d'Hernandès, et par la description
de Hearne ; mais c'est cette connaissance
même qui empêche de les confondre,
comme a fait Buffon, avec les vieux Aurochs un peu bossus, ou Bisons du nord
de l'Europe, et avec les Zébus ou les
Bœufs domestiques à bosses, des Indes
et de l'Afrique. Ces derniers n'ont point
de crinière ; les Aurochs n'en ont de notable qu'à un certain âge, dans un sexe
seulement, et elle est composée de poils
longs et droits ; les Bœufs d'Amérique,
improprement nommés Bisons, ont toujours le cou, les épaules et le dessous du
corps chargés d'une laine épaisse ; une

longue barbe leur pend sous le menton,
et leur queue ne va pas jusqu'au jarret.
Il est très-probable que l'ostéologie con-
firmera un jour ces caractères extérieurs,
et que le crâne du Bison sera au moins
aussi différent de celui de l'Aurochs, que
celui-ci l'est du crâne de nos Bœufs. Les
Bisons et les vieux Aurochs répandent
continuellement une odeur de musc, et
cette circonstance fait qu'on a lieu de
s'étonner que le nom de Bœuf musqué
ait été réservé par Pennant, à un animal aussi d'Amérique, mais particulier
à certaines contrées septentrionales, qui
paraît très-différent du Bison de ce pays
par la forme de ses cornes ; mais comme
cette forme même empêche de confondre
cette espèce avec une autre, si ce n'est
celle du Buffle du Cap, il est inutile que
nous nous en occupions ici. Il nous suffit
d'avoir mis au clair la distinction des
Bœufs sauvages de l'ancien et de ceux
du nouveau monde, et d'avoir prouvé
qu'il n'y a point de race particulière

dans notre continent qu'on puisse distinguer sous le nom de Bison : comparons
maintenant l'Aurochs à notre bétail domestique.

M. Blumenbach dit qu'il est certain
que ce bétail dérive de l'Aurochs ; mais
qu'on peut au moins douter que les Zébus soient une variété de nos Bœufs.
Malgré notre respect pour ce savant
professeur, nous sommes obligés d'a-
vouer que s'il y a du doute, c'est sur la
première proposition et non sur la seconde. La comparaison la plus scrupuleuse ne nous a montré, à l'intérieur
comme à l'extérieur, entre le Bœuf et le
Zébu, d'autres différences que celles
très-variables de la taille et de la loupe
des épaules, tandis que l'Aurochs en a
fait voir de beaucoup plus essentiels. Le
front du Bœuf et du Zébu est plat et
même un peu concave ; celui de l'Aurochs est bombé, quoique un peu moins
que dans le Buffle. Ce même front est
carré dans les deux premiers, sa hau-

teur étant à peu près égale à sa largeur,
en prenant sa base entre les orbites ; dans
l'Aurochs, en le mesurant de même, il
est beaucoup plus large que haut, comme
9 à 6. Les cornes sont attachées, dans
le Bœuf et le Zébu, aux extrémités de
la ligne saillante la plus élevée de la
tête, celle qui sépare l'occiput du front ;
dans l'Aurochs cette ligne est deux
pouces plus en arrière que la racine des
cornes ; le plan de l'occiput fait un angle
aigu avec le front, dans le Bœuf et le
Zébu ; cet angle est obtus dans l'Aurochs ;
enfin, ce plan de l'occiput, quadrangu-
laire dans le Zébu, représente un demi-
cercle dans l'Aurochs. Si on ajoute à ces
détails que l'Aurochs a quatorze paires
de côtes, tandis que les autres Bœufs,
ainsi que la plupart des ruminants, n'en
ont que treize, on trouvera sans doute
plus de caractères qu'il n'en faut pour
distinguer une espèce. Et il ne faut pas
croire que ce soient là de petits caractères sujets à varier par la suite des temps ,

ou par les effets de la domesticité ; on a des monuments très-anciens qui prouvent que ces différences existent depuis bien des siècles ; on a trouvé des dépouilles fossiles d'Aurochs en France, où il n'y en a certainement plus depuis les temps historiques ; on y a trouvé aussi des dépouilles de Bœufs, à peu près dans les mêmes terrains, et les unes et les autres ne diffèrent des parties analogues des animaux d'aujourd'hui que par une taille supérieure. Le cit. Geoffroy, qui a fait, dans les grottes de la haute Égypte, des recherces très-suivies pour y recueillir les momies de tous les animaux sacrés, dans la vue surtout de découvrir si les espèces auraient varié depuis l'époque si reculée où ces restes ont été déposés dans leurs tombeaux, a rapporté entre autres un crâne de Bœuf embaumé, qui, après la comparaison la plus scrupuleuse avec ceux de nos Bœufs et de nos Zébus d'aujourd'hui, n'a rien montré de différent.

Ainsi le Boeuf et le Zébu sont beaucoup plus voisins l'un de l'autre qu'ils ne le sont de l'Aurochs ; et si le Boeuf est un rejeton d'une autre race, c'est peut-être dans celle du Zébu qu'il faut en chercher la souche. En effet, si nous faisons attention que c'est d'Asie que presque tous nos animaux domestiques sont originaires, et que la civilisation est allée d'Orient en Occident, et du Midi au Nord ; si nous nous rappelons que nos Boeufs dégénèrent en Suède et même en Écosse, au point d'y perdre leur taille et leurs cornes, nous serons plus portés à les croire originaires des Indes que du nord de l'Europe.

Mais quelle est l'espèce primitive du Zébu lui-même ? Voilà une question à laquelle nous ne pouvons répondre affirmativement. Il faudrait pouvoir lui comparer le Yack, comme nous lui avons comparé l'Aurochs. Celui qui en approcherait le plus pourrait être regardé comme sa souche, et par conséquent

comme celle de notre bétail. Malheureu-
sement nous n'avons du Yack que des
figures médiocres et point de squelette;
il faut donc attendre de nouvelles observations pour prononcer. La circonstance
que le Zébu grogne comme le Yack, et
ne mugit point, nous paraît encore rapprocher l'un de l'autre. Nous savons que
l'Aurochs grogne aussi au lieu de mugir;
nous savons encore que Pallas a trouvé
à la variété sans cornes de Yack qu'il a
vue vivante, plus de ressemblance avec
le Buffle qu'avec le Boeuf, et que Witzen
donne aux Yacks des cornes semblables
à celles des Buffles; mais Gmelin l'ancien, témoin oculaire, peint les cornes
toutes pareilles à celles de nos Boeufs; et
M. Turner, officier anglais, qui a voyagé
récemment au Thibet, dit positivement
qu'elles sont rondes, petites, et arquées
en dedans et ensuite en arrière; il ajoute
que les épaules ont une proéminence,
premier indice de la loupe des Zébus.
Ces différentes assertions doivent au

moins suspendre notre jugement jusqu'à
ce que l'ostéologie comparée viène nous
instruire. Il serait assez intéressant pour
l'histoire des Hommes, de trouver que
c'est aussi des montagnes de Tartarie
qu'il a tiré le Bœuf, comme il en a tiré
le Cheval, l'Ane et le Chameau, la
Chèvre et le Mouton.

Quoi qu'il en soit, presque tout le bétail des Indes, de la partie orientale de
la Perse, de l'Arabie, de la partie d'A-
frique située au midi de l'Atlas jusqu'au
cap de Bonne-Espérance, et de la grande
île de Madagascar, est composé de Zébus ou de Bœufs à bosse; cette race y
subit encore plus de variétés que la notre
par rapport à la grandeur, à la couleur
et aux cornes: on en voit de très-grands
dont la loupe pèse jusqu'à cinquante
livres, et d'autres qui ont à peine la taille
d'un Veau. On en trouve à Surate qui
ont deux bosses. Ils sont généralement
gris ou blancs; ces derniers sont les plus
estimés. Il y en a aussi de rouges et de

tachetés. Les uns ont des cornes et d'autres n'en ont point; et entre ces deux extrêmes il y en a qui ont de petites cornes adhérentes seulement à la peau, et mobiles, parce qu'elles n'ont point dans leur intérieur de productions osseuses du crâne; c'est cette variété qu'Élien semble avoir voulu indiquer, en disant que les Bœufs érythréens peuvent remuer leurs cornes comme leurs oreilles; le même auteur a aussi très-bien connu les grands et les petits Zébus à cornes; car il remarque qu'aux Indes les Bœufs courent aussi bien que les Chevaux, et que quelques-uns sont à peine plus grands que des Boucs. En effet, un des avantages qu'a le Zébu sur les Bœufs sans bosses, est de pouvoir être employé à traîner des voitures et des Hommes, et de parcourir rapidement de longs chemins. On ne se sert presque pas d'autres bêtes de trait aux Indes; la petite variété elle-même sert à traîner des enfants. On ferre et on enharnache les Zébus comme nos Chevaux, et on guide ceux qu'on monte avec une petite corde qu'on leur passe dans la cloison des narines. Les Indiens les bistournent, mais les Africains ne se donnent pas même cette peine.

C'est pour cette race de Bœufs que les Bramines professent cette vénération religieuse qui en fait presque pour eux un animal divin. Ils n'en mangent pas la chair, non plus que celle des autres animaux ; on dit au reste qu'elle ne vaut pas celle de nos Bœufs, et l'essai qu'on en a fait en Angleterre s'est trouvé conforme à ce qu'en avaient avancé les voyageurs. Le Zébu serait très-susceptible de multiplier dans notre climat, si le Bœuf ordinaire et le Cheval ne nous le rendaient pas inutile. On en a obtenu, dans les parcs anglais, plusieurs générations successives. Des expériences faites à l'Ile de France, ont prouvé qu'il produit avec nos Vaches, et que la bosse s'efface au bout de quelques mélanges. Les Yacks observés par Pallas n'ont pas eu le même succès, quoiqu'ils cherchassent à couvrir les vaches ; nos Taureaux n'ont pas montré la même inclination pour les Yacks femelles.

La ménagerie a possédé successivement quatre Zébus ; savoir, une femelle, et ensuite un couple qui tous trois avaient des cornes et approchaient de la taille de nos petites Vaches. La seconde femelle était plus petite que son mâle et avait les cornes irrégulières ; l'un et l'autre étaient d'un gris bleuâtre. Le quatrième individu qui s'y trouve encore, est une femelle qui a à peine la taille d'un Cochon ordinaire : elle n'a point de cornes ; mais seulement un léger tubercule à l'os frontal, que l'on sent avec le doigt sous la peau, et sur lequel se forme chaque année une petite plaque de corne qui n'adhère qu'à la peau, et qui tombe bientôt par le frottement. Tous ces animaux ont la voix grognante, et leur respiration elle-même ressemble à une espèce de

Bos Taurus Indicus   le Zebu

ronflement, et paraît d'abord maladive à ceux qui l'entendent pour la première fois. Ils étaient tous fort doux, et se nourrissaient, dormaient, etc. de la même manière que nos Vaches. Le couple qui a vécu ensemble ne s'est point uni, quoique la femelle soit venue plusieurs fois en chaleur.

Buffon et Edwards ont donné d'assez bonnes figures de Zébus; celle de Pennant l'est beaucoup moins. On rapporte aussi communément à cette race le petit Bœuf d'Afrique de Bélon et de Prosper Alpin, mais il n'a pas de bosse.

L'HYÈNE.

CANIS HYÆNA. Linn.

LA description qu'Aristote donne de cet animal, prouve qu'il l'a parfaitement connu ; il lui attribue la grandeur et la couleur du Loup, avec une crinière semblable à celle du Cheval, mais qui s'étend tout le long du dos, *hist.* VI. 32 ; il attaque l'homme, ajoute t-il, et recherche la chair humaine jusque dans les tombeaux, *Ibid.* VIII. 5. Ce grand naturaliste réfute ensuite en détail l'erreur déja répandue de son temps, que l'Hyène réunissait les deux sexes ; il montre que cette erreur vient de la fente sans issue située sous sa queue, qu'on avait prise pour l'organe du sexe féminin ; et de ce que les femelles sont plus rares que les mâles ; et qu'on en prend à peine une sur six individus. *Hist.* VI. 32 ; *de Generat,* III. 6. Mais ces idées raisonnables furent bientôt étouffées par des fables absurdes. Les Romains n'ayant vu d'Hyène que fort tard, sous Gordien qui en fît voir dix, n'en parlèrent long-temps que sur les rapports des voyageurs, et d'après les récits toujours merveilleux des Orientaux. L'Hyène, pour eux et pour les Grecs qui ont écrit sous leur domination, n'est plus simplement hermaphrodite; elle change de sexe tous les ans, *Pline* VIII. 30, et devient alternativement mâle et femelle; elle ne se borne plus à attirer les Chiens en imitant le vomissement, elle contrefait la voix humaine et appèle les Hommes par leur nom pour les égarer; son ombre ôte aux Chiens le sens et la voix, *id. ib. Ælien* VI. 1ᵉʳ. et III. 7; son seul regard rend les animaux immobiles; son pied gauche assoupit sur le champ tout ce qu'il touche, *Ælien* VI. 14, et comme un être aussi extraordinaire ne pouvait manquer d'être doué de propriétés miraculeuses, la liste des remèdes magiques ou bizarres que fournissent toutes les parties de son corps est presque interminable. *Pline* XXVIII. 8.

On en avait aussi singulièrement altéré la description ; son cou n'était point
composé de vertèbres, mais formé d'un
seul os attaché fixement à l'épine ; et sa
bouche dépourvue de gencives, n'avait
aussi qu'un seul os continu au lieu de
dents.

Oppien avait ajouté un trait précieux
à la description d'Aristote ; l'Hyène,
avait il dit, a le pelage varié de lignes
transversales noires ; mais ce fait était
comme enfoui dans cette quantité de
fables, et les premiers naturalistes modernes furent très-embarrassés pour retrouver l'Hyène des anciens. Pierre Bélon imagina que c'était la Civette ; cet
animal, par un singulier hazard, porte
aussi tous les caractères de forme et de
couleur assignés à l'Hyène par les anciens ; une crinière le long du dos, une
poche sous la queue, des raies transversales noires sur le corps ; mais sa taille
est beaucoup moindre, et son odeur n'aurait pas manqué d'être remarquée. Ce-

pendant Bélon avait été dans les pays qu'habite l'Hyène, et il en possédait, sans le savoir, une figure assez exacte; mais celui qui la lui avait donnée l'avait intitulée *Loup-Marin*, sans autre désignation; et Bélon la confondant avec le *Phoque* de la mer du Nord, qui porte aussi dans quelques pays le nom de *Loup-Marin*, transforma un quadrupède des déserts de Syrie et d'Afrique, en un amphibie des côtes d'Angleterre. Son erreur a passé dans Gessner, dans Aldrovande et dans Jonston.

Le premier qui reconnut la véritable Hyène, fut le célébre *Auger de Busbec*, ambassadeur de l'Empereur près de Soliman II, qui vit deux de ces animaux à Constantinople; ce qui est singulier, c'est qu'il les reconnut par un caractère faux; la rigidité de leur cou lui fit croire qu'elles n'y avaient point de vertèbres. Kœmpfer ayant vu ensuite l'Hyène en Perse, la décrivit sans équivoque, et dès-lors les opinions des naturalistes n'ont plus varié à son sujet.

L'Hyène ne peut rester dans le genre du Chien, où l'a placée Linnæus; ses mâchoires plus courtes et plus fortes, armées de quatre dents de moins, la rapprochent des Tigres, ainsi que les piquants qui garnissent le milieu et l'extrémité de sa langue. Ce dernier caractère lui est aussi commun avec les Civettes, dont elle se rapproche encore par la poche qu'elle a sous la queue. Enfin le nombre de ses doigts, qui est de quatre seulement à chaque pied, suffirait seul pour la distinguer de tous les autres grands carnassiers. Ses intestins diffèrent peu de ceux des Tigres; on remarque dans son squélette la brièveté des lombes, composés de quatre vertèbres seulement, et le petit os qui tient lieu de pouce, mais qui reste caché sous la peau. La poche qu'elle a sous la queue, est le réceptacle d'une humeur onctueuse et fétide, fournie par plusieurs glandes particulières.

L'aspect de l'Hyène a quelque chose de bizarre et d'effrayant; son museau court et tronqué, sa geule fendue, ses grandes oreilles nues, la crinière qu'elle relève, la férocité continuelle de ses menaces affectent désagréablement; mais ce qui surprend le plus en elle, c'est sa démarche; elle tient son train de derrière toujours beaucoup plus bas que celui de devant, non qu'il soit tel par la proportion des os qui le composent, mais parce qu'elle en plie fortement toutes les articulations, et cette habitude lui donne l'air de boiter lorsqu'elle commence à marcher. Les auteurs Arabes ont observé ce boitement; Bruce et Skioldebrand l'ont confirmé, et l'Hyène de la ménagerie le montre d'une manière très-marquée.

L'individu que nous décrivons, et qui a été acheté en Angleterre pour la ménagerie, mais dont on ignore le pays

natal, a tout le poil d'un gris-blanc, un
peu tirant sur le jaunâtre; des bandes
transversales irrégulières, d'un brun
noir, occupent les côtés du cou, du
corps et les membres; la crinière et la
queue sont toutes grises, le dessous du
corps blanchâtre, la gorge et le dessous
du cou d'un brun noir, le front et les
joues d'un gris fauve, le museau presque nud d'un brun foncé, ainsi que la
face externe des oreilles qui est aussi
presque nue; leur face interne est garnie
de poils gris. Les deux Hyènes décrites
par Buffon avaient à peu près les mêmes
couleurs, mais on rencontre aussi quelques variétés à cet égard. Un individu
conservé dans le cabinet, a tout le fond
du poil d'un jaune-roussâtre pâle, et les
taches d'un fauve-roussâtre un peu foncé.
Un autre individu également conservé
au cabinet, est presque entièrement
d'un brun noirâtre; quelques taches grisâtres annoncent à peine la direction des
bandes qu'on voit sur les deux premiers.

Celui-ci est probablement de la variété observée par Bruce en Nubie et en Abyssinie.

L'Hyène vivante n'a pu être mesurée à cause de sa férocité ; elle paraît avoir trois pieds et demi de longueur ; l'individu jaunâtre a trois pieds six pouces, et le brun, trois pieds dix pouces. Buffon en a observé une de trois pieds neuf pouces, et une autre de trois pieds deux pouces ; mais il y en a de beaucoup plus grandes. Félix Cassal en a vu, en Barbarie, de près de cinq pieds, et celle d'Abyssinie, décrite par Bruce, avait cinq pieds neuf pouces anglais.

L'Hyène est très-forte ; celles qu'on a fait combattre en Europe, se sont rendues maîtresses des plus grands chiens ; elles commencent toujours par leur couper les jambes, avec les dents, avant de les étrangler. Kœmpfer raconte qu'elle a fait quelquefois fuir des Lions ; et en effet, lorsque l'on considère la grandeur de ses dents et l'épaisseur des muscles de ses mâchoires, on juge que sa morsure doit être terrible. Elle emporte, dit-on, le corps d'un homme dans ses dents sans le laisser toucher à terre. Elle joint à sa force une insatiable voracité; toutes les nuits elle vient dans les villes pour y ramasser les immondices, les charognes et les restes des bêtes tuées aux boucheries; en Abyssinie, où une coutume horrible laisse épars dans les rues les cadavres des personnes exécutées, des troupeaux d'Hyènes descendent chaque nuit des montagnes pour s'en repaître; les passants en sont quelquefois poursuivis; elles s'introduisent même dans les maisons où elles dévorent jusqu'aux suifs et aux pelleteries; elles rodent autour des troupeaux, suivent sans relâche les caravannes, non seulement pour dévorer les cadavres des animaux et des hommes qui meurent en route, mais pour attaquer tout ce qui s'écarte; elles se jètent plutôt sur les mulets et sur les ânes que sur les cavaliers; mais la chair qu'elles aiment le mieux, est celle des chiens qu'elles poursuivent et qu'elles combattent partout avec une espèce de fureur : ce fait avait déjà été remarqué dans la Bible. Les pierres et les épines dont les Mahométans ont soin de garnir leurs tombeaux, n'empêchent pas les Hyènes de venir les violer et d'en enlever les corps. Cependant cet animal peut aussi prendre des nourritures végétales; en Barbarie et en Syrie il recherche avec avidité les oignons et les racines charnues des diverses plantes, et creuse la terre pour les trouver. Félix Cassal, gardien de la ménagerie, en a long-temps possédé une qu'il nourrissait avec du pain et du lait.

En général, lorsque l'Hyène a saisi quelque chose avec les dents, elle ne lâche prise qu'avec la vie. Les Maures lui donnent à prendre un des bouts d'un grand sac fait exprès, et une fois qu'elle le tient dans sa gueule, elle se laisse traîner et même percer de coups plutôt que de l'abandonner, (*Skioldebrand, narratio de Hyœná, nov. act. Ups.* vol. 1, p. 80); aussi a-t-elle fait proverbe, et pour désigner un opiniâtre, on dit : il a une tête d'Hyène. En Barbarie, cet animal est craintif le jour; on peut enfermer alors avec lui des animaux faibles sans qu'il y touche, tandis que la nuit il les dévorerait sans pitié. Lorsque les chasseurs pénètrent dans sa caverne avec des flambeaux, ils le saisissent sans qu'il fasse de résistance et, le traînent dehors avec un lacet; mais Bruce dit qu'en Abyssinie, où les Hyènes sont plus grandes et habituées à la chair humaine, elles ont plus de courage, chassent en plein jour les animaux, et attaquent l'homme toutes les fois qu'elles sont en force. Ludolphe dit aussi qu'en Abyssinie l'Hyène attaque l'homme et vient forcer les portes des étables en plein jour. Une Hyène de Barbarie, qui avait été prise au piège, eut la force de se couper elle-même la jambe pour s'échap-

per ; Félix a été témoin de ce fait auprès
de la Calle.

L'opinion générale est que l'Hyène ne
s'apprivoise pas ; celle de la ménagerie
est encore absolument féroce ; elle semble haïr son gardien plus encore que
toute autre personne, et il suffit qu'elle
l'apperçoive pour qu'elle entre en fureur. Cependant ce même gardien en
avait autrefois une si douce qu'il la laissait libre dans sa chambre, et il s'y fiait
si bien qu'il lui nettoyait lui même les
dents lorsqu'elle avait dévoré quelque
animal. Buffon parle aussi dans son supplément, d'une Hyène qui connaissait
son maître et qui lui obéissait avec docilité. Pennant en cite une troisième, et il
pense qu'elles arriveraient toutes à cet
état si on les prenait jeunes, et surtout si
leurs maîtres n'entretenaient pas continuellement leur mauvaise humeur par
des provocations réitérées.

L'Hyène de la ménagerie ne mange

que cinq à six livres de chair par jour;
elle ne marche que le jour et dort toute
la nuit; et c'est une chose remarquable,
que les animaux enfermés observent
tous ce genre de vie, même quand leur
naturel les porte à en suivre un tout contraire dans l'état sauvage. Ses excréments sont solides, durs, globuleux,
jaunâtres et fétides; elle urine peu et en
s'accroupissant à demi sans lever la
cuisse. Elle ne crie jamais que quand on
l'irrite, et rend alors un cri de colère
assez semblable à celui des autres carnassiers dans le même cas. La voix naturelle de l'espèce est comparée, par
quelques naturalistes, au bruit que fait
un homme qui vomit avec effort. On est
dans une ignorance absolue sur tout ce
qui a rapport à la propagation de l'Hyène; seulement la forme de la verge du
mâle fait croire que les deux sexes ne
restent pas attachés comme les chiens
dans l'accouplement, et comme la fe-

melle n'a que quatre mamelles, il est probable que ses portées ne sont pas nombreuses.

Le climat natal de l'Hyène comprend presque tous les pays que nous appelons communément le Levant, c'est-à-dire la Perse, l'Arabie, une partie de l'Asie mineure, la Syrie et l'Égypte; elle s'étend encore dans toute la Barbarie. La seconde espèce de ce genre, ou l'*Hyène tachetée*, qui se trouve aussi, quoique plus rarement, en Barbarie, paraît occuper seule les contrées au sud du Sénégal jusqu'au cap de Bonne-Espérance. L'Hyéne d'Abyssinie et de Nubie, que Bruce a voulu distinguer de celle de Syrie et de Barbarie, n'en diffère en rien d'essentiel. Nous ne savons pas jusqu'où cet animal s'est porté du côté de l'Orient; mais comme il est très-commun en Perse, il peut bien y en avoir dans quelques parties des Indes. Je ne trouve cependant à cet égard d'autre témoignage que celui

de Porphyre, qui ne peut aujourd'hui
faire foi en histoire naturelle.

Les bonnes figures de l'Hyène ne sont
pas nombreuses; Buffon en a donné deux
dont la seconde est meilleure que l'autre,
sans être absolument parfaite; il y en a
une troisième assez exacte, quoique peu
pittoresque, dans le voyage de Bruce.
Celle du Loup marin de Bélon, copiée
par Gessner, Aldrovande et Jonston, est
reconnaissable quoique grossière. Celle
de Reitlinger, copiée par Schreber, n'est
pas dans cette attitude tranquille que demandent les naturalistes.

Canis Hyæna
l'Hyène

L'AGOUTI.

ÇAVIA AGUTI. Linn.

Le genre auquel appartient cet animal,
est propre au nouveau continent ; et
quoique toutes les espèces qui le composent ayent bien un certain rapport, il
est difficile d'en exprimer d'une manière
claire les caractères communs. Elles ont
le corps assez gros et les jambes basses,
surtout les antérieures ; leur queue est
courte ou elles en manquent tout à fait ;
leur museau est épais et renflé comme
celui des Porcs-Épics, leurs oreilles nues
et arrondies, leur poil le plus souvent
rare et grossier ; elles ont quatre doigts
aux pieds de devant, et trois à ceux de
derrière ; une espèce cependant fait ex-
ception à cette règle ; elle a de chaque
côté du pied un petit doigt qui, avec
les trois ordinaires, complette le nombre
de cinq ; enfin elles manquent de l'os
nommé clavicule, qui joint l'omoplate au

sternum, et que presque tous les antres rongeurs possèdent.

Les espèces qui n'ont point du tout de queue apparente, se trouvent avoir dans les dents molaires une structure particulière que nous avons crue suffisante pour en faire une petite famille. Ces dents sont composées de lames verticales, tranchantes par leurs bords latéraux, et placées parallèlement les unes aux autres, de manière que la direction de chaque lame est transverse à celle de la mâchoire. Cette section contient deux espèces anciennement connues, le Cabiai (*Çavia capybara*), et le Cochon-d'Inde (*Çavia cobaia*).

La seconde section contient trois espèces; le *Paca*, qui est celle à cinq doigts derrière; *l'Agouti* et *l'Acouchi*, qui n'en ont chacune que trois, et qui ne diffèrent que par la queue, un peu longue dans l'Acouchi, et presque nulle dans l'Agouti. Ces trois espèces ont conservé dans Linnæus les mêmes noms que

Buffon leur donne d'après les Indiens. Leurs dents ne sont point composées de lames verticales et transversales; mais la couronne présente des compartiments irréguliers d'émail.

D'Azzara fait encore mention de deux autres espèces; l'une qu'il nomme *Couiya*, est semblable au Cabiai, mais sa queue égale la moitié de la longueur du corps; l'autre qu'il nomme *Lièvre Pampas*, ressemble au Lièvre par ses longues oreilles, mais a les pieds et les dents des Agoutis. Celle-ci avait déjà été indiquée par les voyageurs anglais et par Pennant, sous le nom de *Lièvre des Patagons* : il faut attendre des observations ultérieures pour savoir à laquelle de ces deux sections ces espèces appartiènent, ou si elles en doivent faire de nouvelles. Quant à *l'Aperea* dont Gmelin a fait une sixième espèce, il paraît, selon le même d'Azzara, qu'il n'est que le Cochon-d'Inde sauvage. Enfin, le *Piloris*, ou *Rat musqué des Antilles*, est trop peu connu pour qu'on puisse le placer dans ce genre comme l'a fait Pennant, plutôt que dans tout autre genre de rongeurs.

L'espèce de l'Agouti est à peu près de la grandeur d'un Lièvre; sa tête tient davantage de celle du Cochon-d'Inde, par la grosseur du museau et par l'applatissement du sommet; les oreilles sont larges, courtes, minces et presque nues; le corps est plus gros en arrière qu'en avant; la queue ne forme qu'un petit tubercule conique sans poils; les jambes sont fines et sèches; celles de devant ont quatre doigts bien apparents, et un cinquième dont on ne voit que l'ongle; celles de derrière n'en ont que trois, mais plus gros que les autres, et armés de grands ongles plats et triangulaires; elles sont d'un tiers plus longues que celles de devant; l'animal les tient presque toujours à demi-ployées; le poil est de longueur médiocre, roide, lisse, et d'ordinaire serré contre le corps; ceux de la-

croupe sont un peu plus longs que les
autres ; la couleur de ces derniers est
d'un fauve orangé assez vif ; celle du
reste du dessus du corps est un mélange
de brun fauve et de noirâtre ; le dessous
est un jaune tirant sur le gris et sur le
roux. La partie dorsale est plus noirâtre
que le reste ; les jambes sont presque
entièrement noirâtres. Les dents incisives de l'Agouti sont d'un jaune foncé ;
ses molaires, au nombre de quatre de
chaque côté, tant en haut qu'en bas,
présentent une couronne parfaitement
plate, ovale, échancrée de chaque côté, et creusée de quelques sillons étroits
et irréguliers. Il y a douze mamelles ;
on ne voit point de scrotum ; la verge,
dans son état tranquille, se dirige en
arrière ; le gland est armé comme celui
des Chats, de papilles aiguës et dures,
recourbées en arrière, et il a de plus
deux petites lames osseuses en forme
d'ailes, dont le bord tranchant est den-
telé en scie, et dont les dents sont diri-

gées en avant. Les viscères n'ont rien de particulier ; l'estomac est médiocre et le cœcum grand, sans l'être autant que celui du Lapin.

L'Agouti habite dans la Guyane, le Brésil, le Paraguay et dans quelques-unes des Antilles : d'Azzara dit expressément qu'il n'y en a point à Rio-de-la-Plata, et nous ne voyons pas que ceux qui ont décrit les animaux du Mexique et des autres parties de l'Amérique septentrionale, ayent fait mention de celui-ci. C'est le quadrupède le plus commun à la Guyane, selon Laborde ; il a été en grande partie détruit dans celles des Antilles qui sont bien cultivées ; on n'en voit plus à la Martinique, mais il y en a encore à Sainte-Lucie ; il paraît qu'il n'y en a que fort peu à Saint-Domingue, quoique Buffon dise qu'il y est commun ; du moins le cit. Moreau de Saint-Méry assure-t-il que quelques individus ayant été trouvés par hasard, aucun des anciens habitants de la colonie ne les reconnut. C'est un animal très-vorace; il dévore indifféremment toutes sortes d'aliments, les fruits, les patates, le manioc, les feuilles et les racines de toutes sortes de plantes; sa principale nourriture consiste cependant en noyaux de différents arbres; il ne refuse pas la chair lorsqu'il peut s'en procurer; sa manière de prendre sa nourriture consiste à la saisir et à la soulever avec la bouche, et à la soutenir avec les mains en se tenant assis sur sa croupe. Lorsqu'il trouve plus d'aliments qu'il n'en peut consommer, il les cache dans des trous souterrains, et les y laisse quelquefois plus de six mois sans y toucher. Il ne boit jamais; ses urines sont très-fétides. Sa course est assez rapide, surtout en plaine et lorsque le terrain va en montant. L'Agouti est sujet, comme le Lièvre, à culbuter dans les descentes, et par la même raison, c'est-à dire à cause de la hauteur de son train de derrière. C'est pendant

le jour qu'il prend son mouvement; on
en voit souvent à Caïenne, des troupes
de vingt et davantage, courir ensemble;
dans le repos, il s'assied souvent sur les
talons comme l'Écureuil; il a alors l'habitude de se frotter la tête et les oreilles
avec les pieds de devant. Il se tient de
préférence dans les bois et dans les lieux
couverts, et choisit pour sa retraite des
troncs d'arbres creux, qu'il achève de
s'approprier avec ses dents et ses mains.
On les y trouve solitaires, excepté les
femelles qui ont des petits, et ils y passent les nuits entières, à moins qu'il ne
fasse un beau clair de lune. Les femelles
produisent deux ou trois fois par an, et
mettent bas indistinctement en toute saison, deux petits selon Buffon et d'Azzara, quatre ou cinq selon Laborde. Elles
préparent dans leur trou un lit de feuilles
pour les recevoir; ces petits naissent déjà assez avancés, ils ont plus de six pouces
de long; leur mère les transporte sou-

vent d'un lieu à un autre comme font nos
Chattes ; l'allaitement ni l'accroissement
total ne sont pas de longue durée.

Il paraît que l'Agouti s'habitue aisément à l'esclavage ; mais on se soucie fort
peu de l'apprivoiser , à cause de son inquiétude naturelle , et de son penchant à
tout ronger et à tout détruire ; il coupe
en quelques secondes les cordes avec lesquelles on l'attache ; il perce les portes
et les cloisons des lieux où on le renferme
et s'échappe aisément de partout. Lorsqu'on l'appèle ou qu'on l'effraye dans la
campagne , il s'arrête pour écouter , et
frappe du pied de derrière comme le Lapin et le Porc-Epic ; en l'irritant encore
davantage, on lui fait rendre un cri que
l'on a comparé à celui d'un Cochon de
lait ; il hérisse aussi son poil , surtout celui de la croupe ; d'Azzara assure même
que pour peu que sa crainte soit vive ,
la contraction de sa peau devient si forte
que ses poils tombent à poignée ; c'est à
peu près ce qui a lieu pour les épines du

Porc-Épic , lorsqu'il les redresse avec
trop de rapidité. Sa vue n'est pas aussi
bonne que son ouie ; c'est lorsque le jour
est dans tout son éclat qu'on le chasse
avec plus d'avantage ; on le poursuit
avec des Chiens, et il n'est pas très-aisé
à prendre en plaine ; mais s'il vient à se
jeter dans quelque champ de cannes à
sucre, il s'y embarrasse tellement qu'on
peut l'atteindre et le tuer à coups de bâ-
ton. On peut encore l'enfumer dans son
trou comme nous faisons pour les Renards. Cette chasse est utile dans des
pays où il y a peu d'autre gibier ; on
mange la chair de l'Agouti à Caïenne et
aux Antilles, mais non au Paraguay selon d'Azzara. Quoiqu'elle ait un petit
goût de sauvage, elle est assez agréable ;
Laborde assure qu'elle est toujours
tendre et jamais grasse, et Moreau de
St-Méry dit qu'elle participe un peu du
goût de celle du Lièvre et de celle du
Lapin ; selon Margrave, la chair des
sauvages est meilleure que celle des do-

mestiques. La manière ordinaire de l'apprêter est de l'échauder et de la faire rôtir avec sa peau comme un Cochon de lait. Sa peau est encore, selon Laborde, propre à faire des empeignes de souliers.

Cette description et ces observations ont pour objet l'Agouti ordinaire ; il n'est pas bien certain que les deux individus que la ménagerie du Muséum a possédés, et dont la femelle est représentée sur la planche relative à cet article, n'appartiènent pas au moins à une race particulière dans l'espèce de l'Agouti. Voici les principales différences qu'ils offraient lorsqu'on les comparait avec les Agoutis ordinaires. Leur poil était, sur tout le corps, de la même couleur, c'est-à-dire noir, avec un ou deux anneaux jaunes vers la pointe, et il n'y avait point ce large espace fauve qu'on voit sur la croupe des Agoutis communs. Ces poils de la croupe étaient encore plus longs à proportion, et il y en avait sur la nuque de très-longs que l'animal relevait lorsqu'il était en colère, et qui lui formaient une crête plus haute que les oreilles. Ces différences observées par le C. Geoffroy, lui ont paru assez considérables pour lui faire croire que ces Agoutis de la ménagerie forment une espèce à part.

Ils avaient été achetés à Lorient, d'un capitaine de navire qui venait de Surinam. Ils étaient mâle et femelle. Le mâle ne présentait d'autre différence extérieure qu'une teinte un peu plus foncée sur le dos ; ils s'accouplaient très-souvent, à peu près à la manière des Lapins ; mais ces unions n'ont rien produit. Leur nourriture ordinaire consistait en carottes, en pommes de terre, en noix et en pain ; c'étaient les noix qu'ils aimaient le mieux ; ils consommaient environ une livre pesant chacun en vingt-quatre heures ; ils soutenaient, en mangeant, leurs aliments avec les pattes ; ils ne buvaient jamais ; leurs excréments ressemblaient à ceux des Lapins ; leur urine était rejetée en arrière ; sa couleur était un jaune foncé, et son odeur très-fétide.

Ils n'ont montré aucune docilité ; leur inquiétude et leurs mouvements désordonnés ne finissaient point ; ils coupaient les fils de fer de leur cage et en rongeaient sans cesse le bois. Personne ne pouvait les manier ; ils se défendaient à coups de dents et jetaient des cris semblables au groguement d'un Cochon. Leur poil se hérissait dans la colère et tombait comme celui de la Mangouste, et comme les piquants du Porc-Épic le font en pareille circonstance. Ils dormaient peu et d'un sommeil très-agité.

Buffon est le seul auteur qui ait donné, à notre connaissance, une bonne figure de l'Agouti. Seba en a représenté un encore humide de l'esprit-de-vin d'où on l'avait tiré, *pl.* 41, *fig.* 2. Les poils de la croupe, rapprochés par l'humidité, forment une espèce de queue qui a porté Brisson à faire, d'après cette mauvaise figure, une espèce que Gmelin a réduite à une variété de l'Agouti ; ni l'une ni l'autre opinion ne peut être admise.

Il n'y a nul doute que le prétendu Lièvre de Java, de Catesby, *ap. t.* 18, ne soit aussi un véritable Agouti, sur le climat duquel on aura trompé le duc de Richemont, qui le donna à peindre à ce naturaliste.

Cavia Aguti   l. Agouti

L'OIE D'ÉGYPTE.

ANAS ÆGYPTIACA.

PAR É. GEOFFROY. (1)

L'OIE d'Égypte n'appartient pas exclusivement à la contrée dont elle porte le nom : on la trouve aussi en Espagne, en France et même en Angleterre : il y a lieu de croire qu'elle est généralement répandue dans toute l'Afrique ; diffé-rents voyageurs l'ont vue sur la côte orientale de cette grande péninsule, et Sonnerat l'a rapportée du cap de Bonne-Espérance.

Cet oiseau n'est pas tellement bien connu que sa détermination ne soit suscep-tible de quelque correction. Buffon, après l'avoir décrit et figuré sous le nom d'*Oie d'Égypte*, (pl. enlum. N. 379) en donne en outre deux autres figures sous la dénomination d'*Oie ar-*

---

(1) Les articles sans nom d'auteur sont tous du citoyen CUVIER.

mée, (pl. enlu. N. 982 et 983) ; mais il suffit de jeter un coup-d'œil sur ces trois figures pour se convaincre qu'elles appartiènent à la même espèce. Ce n'est pas qu'il faille rayer l'Oie armée de la liste des oiseaux nageurs ; la description qu'en donne Buffon se rapporte réellement à une espèce distincte : cette description est empruntée de Willughby, et a pour objet un oiseau de Cambie, remarquable par un long éperon à l'extrémité de l'aile, une petite caroncule au sommet du bec et un plumage d'un pourpre obscur : ainsi il n'y a que les deux figures dont cette description est accompagnée qu'il convient de rapporter à l'Oie d'Égypte.

Ce qui a pu occasionner la méprise échappée à Buffon, est un trait d'organisation commun à ces deux espèces. L'Oie d'Égypte, sans posséder un véritable éperon aussi allongé que dans l'Oie de Gambie, jouit pourtant d'une armure analogue ; c'est une tubérosité osseuse, arrondie et assez saillante pour que l'oiseau s'en serve avec beaucoup d'avantage, soit qu'il attaque ou qu'il se défende.

Il est moins grand que l'Oie sauvage, plus svelte et surtout plus haut monté sur ses jambes. Son plumage est richement et agréablement varié; le dos est finement rayé, sur un fond roussâtre, de petits zigzags d'un brun noir; la poitrine et les flancs offrent le même dessin sur un fond d'un blanc mat; la poitrine est d'ailleurs terminée un peu plus bas par une large tache d'un roux marron; le tour des yeux et un petit collier sont de cette même couleur qui teint aussi, mais faiblement, le dessus du cou; la gorge est blanche, ainsi que les joues, le haut de la tête, le ventre et les couvertures des ailes; celles-ci sont traversées à l'extrémité d'un ruban noir étroit; il n'y a que les douze grandes pennes qui soient entièrement noires; les douze moyennes sont d'un vert bronsé changeant en violet; les dernières, voisines du corps, ont leurs

barbes externes; les seules visibles par
la superposition des plumes, d'un roux
extrêmement vif et extrêmement écla-
tant; la queue est d'un brun changeant
en violet, ainsi que ses couvertures supérieures; les inférieures sont jaune citron.
Les pattes sont rouges; le bec rose, le
sommet, le bout et les bords des mandi-
bules noirs.

L'Oie d'Égypte, quoiqu'originaire des
pays chauds, s'habitue aisément à la
température de nos climats; on en élève
beaucoup en Angleterre et en France,
et elle réussit au point de faire espérer
qu'elle y sera un jour naturalisée. Elle
fait deux pontes par an; la première en
ventôse (mars), et la seconde en fructi-
dor (septembre). La femelle se livre
seule aux travaux de l'incubation; le
mâle qui en tout temps ne la quitte jamais, redouble alors de soins et de vigi-
lance; il reste constamment auprès d'elle,
et donne une très-grande attention à ce
qu'aucun animal ne passe dans son voi-

sinage; dans ces moments d'inquiétude
il paraît d'un naturel sauvage et même
farouche; l'Homme lui-même n'est plus
un ennemi qu'il redoute; s'il le voit
avancer vers sa compagne, il cherche
d'abord à l'intimider par ses cris, et s'il
n'a pu y réussir, il le combat de l'aile et
du bec avec une opiniâtreté qui le fait
ordinairement sortir victorieux de cette
petite lutte. L'incubation dure vingt-six
jours; les petits naissent d'une couleur
grisâtre uniforme; la mère ne tarde pas
à quitter son nid et à les inviter à se jeter
à l'eau; ils y entrent sans beaucoup hési-
ter, et paraissent s'y plaire et y jouir de
plus de sûreté; car à terre ils n'osent
perdre leur mère de vue, tandis que
dans l'eau ils s'en éloignent et se disper-
sent volontiers; mais le mâle qui par-
tage avec sa femelle tout le soin de leur
éducation, s'occupe bientôt de les ras-
sembler; s'ils sont trop écartés, pour
qu'il puisse les ramener à leur mère,
il se décide à gagner la terre, et à ce

signal toute la famille se réunit autour de lui : adultes au contraire, ces oiseaux nagent rarement; et où l'on voit qu'ils participent un peu des habitudes des oiseaux de rivage, c'est qu'ils préfèrent fuir en courant ou en voltigeant, plutôt que d'aller au milieu des eaux chercher un abri contre les tracasseries des curieux; ce n'est presque toujours qu'à la dernière extrémité qu'ils ont recours à cet expédient.

Le mâle seul a un cri qu'il répète fréquemment, en tendant le cou et la tête, ou qu'il ne fait entendre que de temps à autre en fermant le bec; la femelle fait les mêmes efforts; mais le son qu'elle rend est tout au plus comparable au sifflement grave d'un gros Serpent.

Il y a depuis sept ans des Oies d'Égypte à la ménagerie du Muséum d'histoire naturelle; on les conserve avec un grand nombre d'autres oiseaux d'eau, dans un grand bassin fermé par des grilles; mais loin de se mêler avec ces oiseaux, elles leur font perpétuellement la guerre; on voit assez souvent le mâle se jeter brusquement sur l'oiseau le plus à sa portée, et d'un coup d'aile l'éloigner de sa femelle ou l'écarter de la nourriture préparée pour tous.

En Égypte sa patrie, j'ai eu peu d'occasions de voir cette espèce; je sais seulement qu'on la trouve plus fréquemment aux environs du Nil que sur le bord des lacs; elle s'éloigne des habitations, cependant on l'a tuée sur la montagne qui domine le Caire, et sur laquelle est bâtie la citadelle.

Il paraît certain que les anciens Égyptiens l'ont parfaitement connue; car je ne puis douter que ce ne soit à elle que se rapporte un passage d'Hérodote sur le *Chenalopex*. Ce nom (Oie-Renard), a beaucoup exercé la critique des modernes; Belon l'appliqua d'abord au Harle, puis au Cravant; et un anglais nommé Turner crut qu'il désignait le Tadorne, d'après cette remarque que c'est le seul oiseau palmipède qui ait avec le Renard ce rapport unique et singulier de gîter comme lui dans un terrier. Les érudits, le citoyen Larcher entre autres, suivirent le sentiment de Belon, et les naturalistes adoptèrent la conjecture de Turner.

De nouvelles recherches m'ont décidé à n'admettre aucune de ces déterminations : les temples de l'Égypte supérieure, dont tous les murs se trouvent ornés de tableaux et recouverts d'inscriptions hiéroglyphiques, sont de véritables manuscrits que j'ai cru devoir consulter à l'occasion du Chenalopex.

En lisant dans Hérodote que les anciens avaient mis cet oiseau au nombre des animaux sacrés, et dans Horus-Apollo, qu'ils le figuraient dans les hiéroglyphes, pour signifier la tendresse reconnaissante des enfants, il était tout naturel de s'attendre à en voir la figure souvent répétée dans les diverses scènes qui décorent les monuments égyptiens ;

mon attente ne fut pas trompée; je re-
marquai un oiseau palmipède entouré
de tous les attributs de la divinité, et le
plus souvent dans les mêmes tableaux
que l'Ibis: nul doute alors que j'avais
sous les yeux le véritable Chenalopex;
j'en reconnus l'espèce avec d'autant plus
de facilité, qu'il était quelquefois, principalement dans un petit temple de
Thèbes, sculpté et en même temps colo-
rié: c'était l'Oie d'Égypte. Cette détermination est d'ailleurs la seule qui con-
viène aux renseignements fournis par
Élien. Cet ancien, en parlant du Chenalopex, nous apprend qu'il était ainsi
nommé à cause de sa parfaite ressemblance avec l'Oie, et de son naturel rusé
et méchant comme celui des Renards. Ce
n'est donc pas d'un Canard, encore
moins d'un oiseau qui niche sous terre
qu'il est ici question; Élien n'eût pas
manqué de rapporter cette dernière
circonstance, si elle eût été connue de
son temps; il donne en outre au Chena-

lopex une taille supérieure à celle du
Tadorne, et il ajoute que quoiqu'un peu
moins grand que l'Oie sauvage, cet oiseau
est beaucoup plus courageux; qu'il ne
redoute ni l'Aigle ni le Chat; qu'il les
combat et réussit à les éloigner de son nid.

Les anciens Egyptiens lui rendirent
de grands hommages; une ville de l'É-
gypte supérieure, Chenoboscion, lui
était dédiée et en portait le nom. On le
proposait pour modèle aux parents dont
on voulait exalter l'amour et le dévouement pour leurs enfants, parce qu'on
avait observé qu'il vient, comme la Per-
drix, s'offrir et se livrer sous les pas du
chasseur pour sauver ses petits.

Le citoyen Delaunay, bibliothécaire
du Muséum, eut un jour occasion de
vérifier ce fait: il se promenait dans le
bassin des oiseaux d'eau, avec un de ses
amis qui se dirigea, sans le savoir, vers
une Oie d'Égypte qui couvait; le mâle,
que le besoin de nourriture avait conduit à l'autre bord de la pièce d'eau, ne

s'en fut pas plutôt apperçu, qu'il vint à tire-d'aile fondre sur la personne qui lui avait donné de l'inquiétude ; après quelques efforts il s'abattit aux pieds de son ennemi et paraissait encore vouloir lui fermer passage.

L'Oie d'Égypte, dans le système théogonique des anciens Égyptiens, servait encore, au dire d'Horus-Apollo, à exprimer la piété filiale, sans doute parce que les jeunes, devenus adultes, continuent de vivre sous l'autorité de leurs parents.

L'Oie d'Égypte n'avait encore été figurée que par Brisson et par Buffon ; ce dernier en a publié quatre figures en comptant celle en noir qui accompagne son texte ; elles sont toutes assez exactes, si l'on en excepte le N. 379 des planches enluminées, qui paraît avoir été dessiné d'après un individu mal préparé.

Le citoyen Maréchal, qui a toujours l'attention d'indiquer par quelques attributs caractéristiques dont il orne le fond de ses tableaux, le climat de chaque animal, s'est de plus proposé de donner ici, d'après des dessins originaux, une esquisse de la manière dont figure l'Oie Sacrée dans les scènes religieuses des monuments égyptiens.

Annas Ægyptiaca   l'Oie d'Égypte.

LE LION.

FELIS LEO MAS.

La figure de ce bel animal nous donne
encore l'occasion de glaner, après les intéressants articles de Buffon et de Lacépède, en recueillant dans les anciens et
dans les voyageurs, quelques faits que
ces grands naturalistes ont négligés.

Un animal aussi majestueux et aussi
terrible à la fois que le Lion, ne pouvait
manquer d'attirer l'attention des voyageurs et des chasseurs, et de donner lieu
à des récits exagérés ou fabuleux ; ceux-
ci ne pouvaient manquer de fournir des
images aux poètes et aux orateurs, et il
était bien difficile que ces fables, à force
d'être répétées, ne se glissassent dans les
ouvrages des naturalistes, et ne finissent
par être données comme des faits réels,
par ceux d'entre eux qui n'avaient ni
l'occasion d'observer par eux-mêmes,
ni assez de critique pour bien juger les
assertions des autres : de là tous les contes

populaires qui altèrent ce que les anciens ont dit du Lion, et dont quelques uns se sont perpétués jusqu'à nos jours dans l'esprit du vulgaire, comme sa fièvre perpétuelle, sa crainte pour le chant du Coq, son sommeil les yeux ouverts, et les vertus merveilleuses de plusieurs de ses parties en médecine. Aristote qui avait déjà reconnu l'absurdité de plusieurs de ces fables, qui en a même expressément réfuté une partie, n'a pu s'exempter d'en rapporter sérieusement quelques - unes ; les Lions, selon lui, n'ont qu'un seul os au cou, au lieu des vertèbres cervicales, et leurs os, s'ils ne sont pas entièrement solides et sans moëlle comme on le disait auparavant, en ont du moins très-peu en comparaison des animaux de la même taille.

Il ne faudrait cependant pas, d'après ces exemples, rejeter tous ceux des faits rapportés par les anciens touchant cet animal, qui n'ont pu être vérifiés par les modernes. Les anciens avaient beaucoup plus d'occasions que nous de l'observer, et ont pu apprendre à son sujet plusieurs choses qui nous ont échappé. D'abord il y avait des Lions dans beaucoup de lieux où il n'y en a plus aucuns aujourd'hui : chacun sait qu'ils sont extirpés de l'Europe ; mais du temps d'Aristote, il y en avait dans toutes les montagnes du nord de la Grèce, depuis le fleuve Nestus, près d'Abdère en Thrace, jusqu'à l'Achéloüs en Acarnanie. Selon Hérodote, les Chameaux qui portaient les bagages de l'armée de Xercès, furent attaqués par des Lions dans le pays des Pœoniens, l'un des peuples qui habitaient la Macédoine. Pausanias qui raconte le même fait, ajoute que ces Lions venaient souvent au Sud, jusqu'à l'Olympe, qui sépare la Macédoine de la Thessalie. Le Lion est aujourd'hui assez rare en Asie, si l'on en excepte quelques contrées entre l'Inde et la Perse, et quelques cantons de l'Arabie. Dans l'antiquité ils y étaient très communs ; outre ceux de Syrie dont nous venons de parler, Élien rapporte qu'aux Indes on en trouvait de noirs, les plus grands de tous, qui se laissaient assez apprivoiser pour être employés à la chasse. La Cilicie, l'Arménie, le pays des Parthes en étaient pleins selon Oppien ; Apollonius rencontra une Lionne près de Babylone, et un grand nombre de Lions entre l'Hiphasis et le Gange.

Enfin, dans les lieux mêmes où les Lions se conservent encore, leur nombre était infiniment plus grand du temps des anciens qu'il ne l'est de nos jours. On a peine à s'imaginer comment les Romains se procuraient la quantité prodigieuse de ces animaux qu'ils faisaient de temps en temps paraître dans leurs jeux ; Pline nous a conservé à ce sujet des détails qui surpassent presque toute croyance. « *Quintus Scevola*, dit-il, fut » le premier qui en montra plusieurs à » la fois dans le cirque, lors qu'il fut » Édile ; Sylla, pendant sa préture, en » fit combattre cent à la fois, tous mâles ;

» Pompée ensuite, six cents, dont trois
» cent quinze mâles, César quatre cents. »
Sénèque nous apprend, il est vrai, que
ceux de Sylla lui avaient été envoyés par
le roi de Mauritanie, Bocchus ; mais aujourd'hui les princes du même pays
croyent faire un grand présent lorsqu'ils
peuvent donner un ou deux de ces animaux. La même abondance continua
pendant quelque temps sous les empereurs ; mais il paraît qu'elle commença
à diminuer vers le second siècle, puisqu'Eutrope regardait déjà comme une
grande magnificence de la part de Marc-
Aurèle d'avoir fait paraître cent Lions à
la fois lorsqu'il triompha des Marcomans.
On fut obligé de défendre la chasse des
Lions aux particuliers, de crainte d'en
voir manquer le cirque ; mais cette loi
ayant été abrogée sous Honorius, la destruction continua, et venant à être aidée
du secours des armes à feu, elle a réduit
enfin ces animaux à se retirer dans les
déserts où ils sont confinés aujourd'hui.

Ce grand nombre de Lions donna lieu à en apprivoiser beaucoup; et à pousser leur éducation à un point qui peut encore nous étonner, quoique nous ayons vu de nos jours des Lions très-privés. Hannon, Carthaginois, fut le premier qui dompta un Lion, et ses concitoyens le condamnèrent à mort, disant que la république avait tout à craindre de celui qui avait su vaincre tant de férocité; un peu plus d'expérience leur eût appris qu'il n'est pas nécessaire de museler des Lions pour parvenir à enchaîner des hommes. Le triumvir Antoine se fit traîner publiquement par des Lions, ayant auprès de lui, sur son char, la comédienne Cythéride, excès prodigieux, dit Pline, et plus déplorable que toutes les horreurs de ce temps funeste.

Il n'est point étonnant que, vivant aussi rapprochés de ces animaux, les anciens les ayent mieux connus que nous à certains égards; aussi plusieurs faits qui nous ont surpris dans ces derniers temps ne leur avaient point échappé ; telle est la facilité avec laquelle le Lion s'attache aux compagnons de sa captivité, même lorsqu'ils sont d'une espèce différente. Élien parle, d'après Eudémus, d'une amitié entre un Lion et un Chien, fort semblable à celle dont tout Paris a été témoin dans cette ménagerie, et dont M. Toscan a donné l'intéressante histoire. Un Lion, dit-il, un Chien et un Ours vivaient ensemble dans l'union la plus intime, chez un homme qui apprivoisait des animaux ; les deux premiers surtout avaient l'un pour l'autre l'attachement le plus tendre ; mais le Chien ayant blessé l'Ours en jouant, celui-ci reprit subitement son naturel féroce et déchira son faible compagnon ; le Lion, irrité, se hâta de venger son ami, et fit périr l'Ours absolument par des blessures semblables à celles qu'avait reçues le Chien.

Les anciens n'ont pas ignoré non plus les circonstances de la naissance du Lion.

Plutarque dit expressément que la Lionne
est le seul carnassier dont les petits vien-
nent au monde les yeux ouverts, et
Élien nous apprend que Démocrite avait
dit la même chose long-temps avant Plutarque. Ils ont connu, dans l'espèce du
Lion, des variétés que nous n'avons pas
vues dans les temps modernes, et d'autres
qui n'ont été retrouvées que tout récemment; dans ce dernier ordre est le Lion
sans crinière, dont parlent Solin et Oppien, et dont ils attribuaient mal à propos l'origine à l'accouplement du Léopard
et de la Lionne. M. Olivier s'est assuré,
dans son voyage de Perse, qu'il existe
réellement une telle race aux environs
de Bagdat. Les anciens ont aussi parlé
de *Lions noirs*. Ceux des Indes étaient
de cette couleur, selon Élien; ceux de
Syrie selon Pline; ceux d'Éthiopie selon
Oppien; il nous paraît qu'il y a dans tous
les pays des Lions beaucoup plus bruns
les uns que les autres, et dont plusieurs
peuvent tirer sur le noirâtre. Celui que

notre planche représente est beaucoup plus brun, et a les poils du dessous de son corps plus noirs que celui qui l'a précédé dans cette ménagerie.

Il est très-probable d'après cela qu'il a existé ou qu'il existe encore des Lions à crinière crépue, quoique les modernes n'en ayent point observés. Les anciens paraissent même avoir vu cette race plus fréquemment que l'autre, puisque c'est elle qu'ils ont représentée de préférence dans leurs statues et dans leurs bas-reliefs ; aussi disent-ils que c'était la plus lâche des deux et la plus facile à vaincre. Sans cette circonstance positive, on pourrait croire, avec un de nos plus célèbres antiquaires, que ces Lions crépus étaient précisément ceux de la Thrace, qui sont aujourd'hui détruits ; mais cette opinion serait contraire à ce que Pline assure, que ces Lions de Thrace étaient beaucoup plus forts que ceux d'Égypte et de Syrie. Nous ne révoquerons pas non plus entièrement en doute d'autres assertions opposées en apparence à ce que nous savons des animaux carnassiers en général, mais qui peuvent cependant avoir quelque fondement réel, et ne s'écarter du vrai que par quelque exagération, et surtout parce qu'on aura cherché des motifs relevés à des actions fort simples : là se rapportent tous les récits qu'on nous fait de la générosité du Lion, de ses égards pour la faiblesse, et surtout de sa mémoire et de sa reconnaissance : il n'attaque point lorsqu'il est rassasié et que la crainte ne le force pas à se défendre ; de là son prétendu respect pour le sexe et pour l'enfance, rapporté par Pline et confirmé dans ces derniers temps par Misson : quelque Lion apprivoisé, échappé et repris, aura reconnu son ancien maître au moment où on voulait le lui faire déchirer, ou bien s'étant arrêté par une cause quelconque en face du criminel qu'on lui livrait, celui-ci aura espéré obtenir sa grace, en donnant de cet accident quelque raison romanesque ; de là l'histoire si connue d'Androclès, etc.

Il reste encore de nos jours plusieurs points douteux dans l'histoire du Lion ; tel est le goût de sa chair que Buffon et d'autres disent être désagréable et fort, et que le docteur Shaw assure, dans son voyage en Barbarie, ressembler à celle du veau ; c'est cette dernière comparaison qui est la vraie, ainsi que s'en est assuré un homme très-bizarre, qui a mangé de tous les animaux de cette ménagerie, et dont un savant naturaliste avait fait espérer de publier bientôt les observations.

On n'est pas non plus d'accord sur l'âge auquel le Lion peut atteindre : Buffon, raisonnant d'après le temps qu'il lui faut pour prendre son accroissement complet, avait jugé que cet animal devait aller au plus à vingt-cinq ans ; mais M. G. Shaw, auteur d'une nouvelle zoologie écrite en anglais, rapporte des exemples de Lions que l'on prétend avoir vécu à la tour de Londres, l'un soixante-trois et l'autre soixante-dix ans. Si ces faits sont vrais, ils sont au moins fort extraordinaires.

Le Lion dont nous donnons la figure est un des plus beaux qui ayent vécu en captivité. Il a été pris, en 1795, entre Constantine et Bonne, dans l'état d'Alger, à environ trois journées de marche dans les terres; le Bey de Constantine en a fait présent à la république. Sa crinière n'a commencé à pousser qu'à trois ans et demi; elle croît tous les ans, ainsi que les poils de dessous le ventre; la couleur en devient aussi plus brune chaque année. Il n'avait guère qu'un an lorsqu'il fut pris; ses dents étaient dès lors toutes venues; c'est là l'époque de la vie la plus dangereuse pour les Lions, du moins dans l'état de captivité. Sur trois Lions et deux Lionnes nés dans cette ménagerie, il en est déjà mort quatre de la dentition; les trois Lions à treize mois et une femelle à dix; la seconde femelle, qui a à présent douze mois, a réussi à pousser ses canines et paraît devoir vivre.

Ce grand Lion mange chaque jour neuf à dix livres de viande, et boit un demi seau d'eau; ses excréments sont solides lorsqu'il mange des os, liquides quand il ne mange que de la viande, et en tout temps d'une odeur très-fétide et d'une couleur jaune. Il urine à chaque instant et toujours en arrière. M. Lacépède a déjà donné, à l'article de la Lionne, les détails nécessaires sur son rugissement.

Nous ajouterons à ces notes quelques faits que nous tenons du gardien Félix Cassal; bien loin que le Lion ait peur du chant du Coq, il prend le Coq lui-même, et on lui en a vu dévorer deux ou trois en quelques minutes. Il n'est pas effrayé davantage du cri du Cochon, et sa principale proie en Barbarie sont les Sangliers. Félix a vu emporter un Sanglier par un Lion, comme un Loup emporte-

rait un Mouton ; il a vu un autre Lion
étrangler un Bœuf et le traîner à plus
d'une lieue. On a observé en Barbarie
que les Lionnes font leurs petits dans
des lieux marécageux, pour pouvoir se
saisir plus aisément des animaux qui
viènent y boire. Le mâle l'aide à procurer la nourriture à ses petits, ce qui peut
faire croire que ces animaux vivent en
monogamie, conjecture confirmée par
l'exemple de l'individu que nous possédons, et qui a refusé toutes les femelles
qui lui ont été offertes, excepté celle à
laquelle il s'est attaché, et qui va inces-
samment lui donner des petits pour la
quatrième fois, en comptant son avortement.

Sa beauté extraordinaire a engagé
M. Maréchal à le représenter dans un
profil rigoureux, afin que les artistes
puissent en saisir plus exactement les
proportions.

Au Jardin des Plantes,
le 29 messidor an X.

felis Leo   le Lion.

LE COUAGGA.

EQUUS QUAGGA.

Il est probable que les voyageurs ont
confondu long-temps le Couagga avec le
Zèbre, sous le nom commun d'*Ane* ou
de *Mulet rayé* : du moins cette faute a-t-
elle été commise même par un écrivain
assez instruit en histoire naturelle, le célèbre peintre d'oiseaux, Edwards.

Le général Gordon, cet officier si zé-
lé pour l'histoire des animaux, et à qui
nous devons la connaissance exacte de
tant d'espèces du midi de l'Afrique, est
encore celui qui a le premier distingué
le Couagga. Cet animal diffère du Zèbre
par sa taille qui est moindre, par la
forme de sa tête qui est moins alongée et
plus élégante, et par ses oreilles qui sont
plus courtes; de façon que le Couagga
approche beaucoup plus que le Zèbre de
la beauté du Cheval; il ne ressemble à
l'Ane que par sa queue, qui est aussi
dégarnie de longs poils à sa racine; en-

core ceux de sa partie inférieure sont-ils beaucoup plus longs que dans l'Ane et le Zèbre. Les jambes du Couagga sont déliées, et ses sabots petits et bien faits. Les bandes transverses qui ornent d'une manière si éclatante tout le pelage du Zèbre, sont en grande partie effacées sur celui du Couagga; ce dernier tient, à cet égard, une sorte de milieu entre le Zèbre et l'Ane, dans lequel on n'apperçoit plus qu'une seule de ces bandes, celle de la croix, dernier vestige d'un ornement plus complettement accordé aux deux espèces voisines: le Couagga n'a en effet de bandes bien marquées que sur la tête et sur le cou, et des traces légères de bandes sur les flancs; le reste du corps en est dépourvu.

Le fond de la couleur est, sur la tête et sur le cou, un brun foncé tirant sur le noirâtre; sur le dos, les flancs, la croupe et le haut des cuisses, un brun clair, qui pâlit et se change en gris roussâtre sur le milieu des cuisses; leur partie infé-

rieure; toutes les jambes, tout le dessous
du corps et les poils de la queue, sont
d'un assez beau blanc. Sur le fond brun
de la tête et du cou, sont des raies d'un
gris blanc, tirant sur le roussâtre; elles
sont longitudinales, étroites et serrées
sur le front, les tempes et le chanfrein,
transversales et un peu plus écartées sur
les joues; entre l'œil et la bouche elles
forment des triangles, parce qu'elles
sont larges au milieu et étroites aux deux
bouts; le tour de la bouche est tout brun
et sans raies; le bord de la lèvre supérieure est grisâtre. Il y a dix bandes sur
le cou; la crinière ne va que jusqu'à la
neuvième; elle est courte, bien droite,
comme celle d'un Cheval, qu'on aurait
coupée et peignée avec soin; elle a une
tache blanche vis - à - vis de chaque
bande du cou; les intervalles sont gris
brun; sur l'épaule sont quatre bandes
pareilles à celles du cou, mais qui se rac-
courcissent par degrés jusqu'à la quatrième qui est la dernière de toutes; le

reste du corps n'offre plus que des rayures à peines sensibles, d'un brun plus clair sur un brun plus foncé. Sur tout le long de l'épine du dos, règne une bande d'un brun noirâtre, accompagnée de chaque côté d'une ligne étroite gris roussâtre ; ces trois lignes se continuent sur la partie de la queue qui n'a pas de longs poils.

Telle est la description du Couagga mâle adulte qui fait le sujet de notre planche ; mais il paraît que l'âge et le sexe influent sur la couleur et sur la distribution des taches ; du moins les figures d'Édwards et de Gordon sont assez différentes de la nôtre pour le faire présumer.

Cet individu avait été apporté d'Afrique, il y a seize ans, par un capitaine de vaisseaux, qui revenait des Indes, d'où il avait aussi amené le Rhinocéros unicorne ; il fit présent de ces deux animaux à la ménagerie de Versailles ; le Couagga, le Bubale et le Zèbre furent les seules espèces qui s'y trouvèrent lorsqu'on décida de la transporter à Paris :

Je premier y vécut encore quatre années, et mourut, à ce qu'il paraît, de
vieillesse, du moins son squélette pré-
senta-t-il tous les signes d'un âge avancé.

Voici les principales dimensions qu'il
avait lorsqu'il mourut.

Hauteur au garrot, 3 pieds 9 pouces.

Longueur du tronc, depuis le poi-
trail jusqu'à la croupe, 3 pieds
6 pouces.

Longueur du cou, depuis le garrot
jusqu'à l'occiput, 1 pied 6 pouces.

Longueur de la tête, 1 pied 5 pouces.

Longueur de l'oreille, 6 pouces.

Longueur de la queue, 2 pieds 3
pouces.

Lorsqu'on l'amena, il n'avait pas, dit-
on, moitié de cette taille; il était donc
fort jeune, et on peut en conclure qu'il
avait au plus douze ou treize ans lorsqu'il est mort. Le seul changement qu'on
ait observé dans ses couleurs, c'est
qu'elles ont perdu de leur vivacité et se
sont rembrunies avec l'âge. M. Sparr-

mann dit aussi qu'un fœtus de Couagga,
qu'il a donné à l'académie de Stockholm,
avait les couleurs plus vives que les
adultes. Quoique renfermé très-jeune,
la captivité n'avait presque rien ôté à
notre individu de son naturel farouche;
il se laissait quelquefois approcher et
même caresser; mais pour peu qu'on le
gênât, il se mettait à ruer, et lorsqu'on
voulait le faire passer d'un parc dans un
autre, ou le faire changer de lieu d'une
manière quelconque, il devenait furieux;
il cherchait à mordre, se jetait à genoux,
et saisissait avec ses dents tout ce qu'il
rencontrait, pour le déchirer ou le briser. Son cri était fort différent de ceux
du Cheval ou de l'Ane; c'était le son
ouau, *ouau*, répété une vingtaine de
fois, sur un ton très-aigu; il le faisait entendre chaque fois qu'il passait à sa portée des Chevaux ou des Mulets. On a
comparé ce cri à l'aboyement des chiens;
c'est plutôt à leur hurlement qu'il fallait
dire. Il est probable que le nom de Cou-

agga, ou plutôt de Khoua-Khoua, donné à ce quadrupède par les Hottentots, n'est qu'une imitation de son cri.

Notre Couagga mangeait peu ; une botte de foin, et un peu d'avoine ou de son lui suffisaient pour sa journée. Ses excréments ressemblaient à ceux del'Ane.

On lui a amené une Anesse en chaleur; il l'a très-bien traitée, et l'a couverte plusieurs fois sans qu'on ait eu besoin de la peindre, comme on dit qu'il a fallu le faire pour celle qu'on donna au Zèbre de lord Clive ; mais ces accouplements n'ont pas été productifs.

Nous avons fait l'anatomie de cet individu ; elle ne nous a rien présenté de différent du Cheval.

Dans l'état sauvage, les Couaggas vivent en troupes quelquefois de plus de cent individus. Quoiqu'il y ait des Zèbres dans les mêmes pays, les deux espèces se tiènent séparées ; mais dans l'une et dans l'autre, les jeunes qui se trouvent par hasard écartés de leurs mères, suivent

les chevaux lorsqu'ils en rencontrent.
Allamand assure, d'après Gordon, que
quelques colons Hollandais sont parvenus à apprivoiser des Couaggas, au point
d'en atteler à leurs charettes, ce qui n'a
pu encore réussir avec les Zèbres ; Spar-
mann a vu la même chose ; néanmoins
ces Couaggas paraissent avoir été encore
assez farouches, puisqu'ils ne souffraient
pas même que les Chiens les approchas-
sent. M. Sparrmann dit que non seulement ils se défendaient contre les Chiens,
mais qu'ils attaquent l'Hyène et la font
fuir, au point qu'un Couagga apprivoisé
pourrait servir de gardien à un troupeau
entier de Chevaux.

Cet animal aurait de plus, pour les
habitants du Cap, l'avantage d'être fait
au climat, et de se nourrir des végétaux
les plus communs dans le pays, dont les
Chevaux refusent une grande partie ;
enfin il aurait moins à redouter que ceux-
ci les animaux féroces et les maladies
épidémiques.

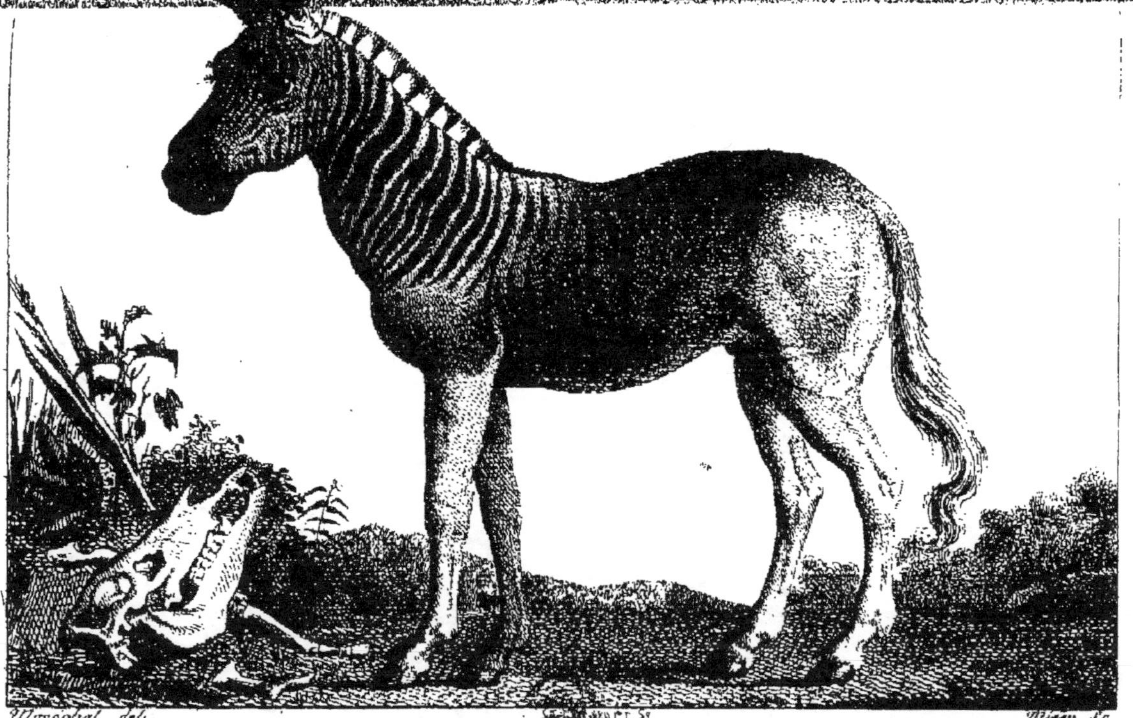

Equus quagga.   le Couagga.

L'ICHNEUMON.

VIVERRA ICHNEUMON.

Par E. GEOFFROY.

Nous sommes obligés de contredire le sentiment de Buffon sur les Ichneumons ou Mangoustes : il a cru devoir rapporter à une seule espèce toutes les diversités de couleur et de grandeur que la plupart des naturalistes avaient déjà constatées de son temps. Persuadé, d'après un passage équivoque de Prosper Alpin, que ces animaux étaient domestiques en Égypte, il supposa qu'ils pouvaient y avoir dégénéré et subi quelque variété ; mais nous avons eu occasion de vérifier sur les lieux mêmes que nulle part on n'y souffre de Mangoustes beaucoup trop voraces, et conséquemment beaucoup trop infidèles pour qu'on les élève jamais habituellement dans les maisons, et nous nous sommes assurés en outre que leur taille et leur pelage n'y éprouvent aucune altération. Nous avons donc tout

lieu de croire, comme l'avait déjà soupçonné Edwards, qu'il y a plusieurs espèces de Mangoustes : nous en avons en
effet reconnu trois qui nous paraissent
différer autant par leur grandeur respec-
tive, et les couleurs de leur pelage, que
par le lieu de leur origine.

La première espèce est la Mangouste
de Buffon, ou la Mangouste des Indes
orientales : elle atteint rarement au-delà
de 25 centimètres : sa queue, toujours
moins longue, finit en pointe; son pelage est orné de bandes transversales
alternativement rousses et noirâtres, au
nombre de 26 à 30 ; le dessous de la mâchoire inférieure est fauve, le bas des
jambes noir. Elle est connue aux Indes
sous le nom de *Mungo* et de *Mangutia*,
d'où Buffon a dérivé celui de Mangouste.
C'est de cette espèce en particulier qu'il
est question dans les aménités de Kœmpfer, (pag. 574), dans les voyages du
P. Vincent-Marie, dans les actes de la
société des curieux de la nature (pag.
211), et dans Linnæus, sous le nom de.

Viverra Mungo. La fig. de Buffon,
(tom. 13, pl. 19) est exacte; j'ai été à
portée de la comparer à un individu vivant que possède le conseiller-d'état Re-
gnault de St-Jean d'Angeli.

La deuxième espèce se trouve au Cap
de Bonne-Espérance : on en connaît trois
bonnes fig. originales; celles de Vosmar,
d'Edwards, (pl. 199) et de Buffon,
(suppl. vol. 3, pl. 27.) Cette Mangouste
est d'un cinquième plus grande que la
précédente : sa queue se termine de
même en pointe; son pelage est plus
clair, d'une couleur uniforme, tant sur
le dos que sur les pattes; une teinte jaunâtre, obscurcie par de petits traits
bruns, en est la couleur dominante.
Daubenton l'a connue; c'est à cette espèce qu'appartient la première partie de
sa description de la Mangouste, tandis
que la seconde se rapporte à la fig. de
Buffon, (vol. 13) ou à la Mangouste
des Indes.

Enfin, la troisième espèce est celle qui

fait le sujet de cet article. Je ne sache pas qu'on l'ait encore trouvée autre part qu'en Égypte : elle est devenue trop célèbre sous le nom d'*Ichneumon* pour qu'on ne doive pas lui laisser cette dénomination. C'est la plus grande des trois, ayant jusqu'à 5o centimètres de long, sans compter la queue qui est de la même longueur. Son poil est à peu près annelé comme dans l'espèce précédente ; mais les anneaux bruns y sont plus larges ; les pattes sont noires ainsi que le museau ; mais c'est surtout à une touffe de longs poils noirs qui terminent sa queue et qui se rayonnent de haut en bas en éventail, que se reconnaît l'Ichneumon.

D'ailleurs, ces trois espèces se ressemblent si parfaitement pour les proportions des parties, qu'il n'est pas étonnant qu'on les ait souvent confondues ensemble. Leur tête est courte, un peu aplatie sur le front, et à cela près exactement conique ; la lèvre supérieure est un peu plus avancée que l'inférieure.

Des six incisives, il y en a deux, à la
mâchoire du dessous, les secondes dents
de chaque côté, qui sont plus étroites, et
qui sont forcées de rentrer un peu en
dedans par le défaut d'espace. Le poil est
ras sur la tête et les pattes ; il est long et
rude sur tout le corps. La brièveté des
pattes donne aux Mangoustes le port
des Furets et des Fouines : jusqu'ici on
ne savait pas si ce petit genre appartenait
plutôt à l'ordre des plantigrades qu'à
celui des digitigrades ; on était porté à
croire, d'après la longeur des tarses, que
les Mangoustes marchaient sur les doigts,
et d'après la nudité de ces parties, qu'elles
appuyaient au contraire sur toute la
plante du pied. Ce qu'il y a de certain à
cet égard, et ce que nous avons vérifié
sur les deux espèces que nous avons vues
vivantes, c'est qu'elles marchent habituellement sur les doigts, et qu'elles ne
posent sur leurs talons que pendant leur
repos, ou lorsqu'elles s'élèvent sur les

deux pieds de derrière pour examiner ce qui se passe autour d'elles.

Toutefois ces traits de la description des Mangoustes ne nous permettraient pas de les distinguer des Fouines, des Martes et de toutes les espèces du genre *Viverra*; mais il est deux autres caractères d'une assez grande influence qui séparent très-exactement ce petit genre de tous les animaux qui vivent de proie.

Les Mangoustes ont une langue presque aussi rude et presque aussi papilleuse que celle des Chats, et en outre une poche au devant de l'anus. On se rappèle que c'est toujours au-dessous de cette ouverture qu'on trouve des poches dans les Civettes et les animaux qui en sont pourvus; mais dans les Mangoustes, c'est au-de là du sphincter de l'anus que les téguments communs alongés et repliés sur eux-mêmes forment un sac que l'animal ouvre et ferme à son gré. Il faut qu'il trouve une grande jouissance à rafraî-

chir le fond de cette poche, car il la met
en contact avec tous les corps froids et un
peu élevés qu'il apperçoit. L'Ichneumon
de la ménagerie n'est visité de personne
qu'il n'aille se poser sur les souliers de
tous les curieux. Ces observations n'a-
vaient point échappé à Belon : il parle
» d'un grand pertuis tout entouré de
» poils, au-delà de l'anus, lequel con-
» duit l'Ichneumon ouvre quand il a
» grand chaud. »

Il paraît que les anciens ont eu aussi
connaissance de cette poche : c'est sans
doute ce qui les a mis dans le cas d'attribuer à l'Ichneumon la plupart des contes
ridicules qu'ils ont faits sur l'Hyène :
Élien dit que les Ichneumons sont her-
maphrodites ; qu'à la saison d'amour ils
se battent à outrance, et que les vainqueurs se réservant les droits et les jouissances des mâles, soumettent les vaincus
à la condition des femelles.

L'Ichneumon, quoiqu'assez commun
en Égypte, m'a peu fourni l'occasion de

l'y observer. Il est très-difficile de l'approcher ; je ne connais point d'animal plus craintif et plus défiant ; il n'ose se hasarder de courir en rase campagne ; mais il suit toujours, ou plutôt il se glisse dans les petits canaux ou les sillons qui servent à l'irrigation des terres : il ne s'y avance jamais qu'avec beaucoup de réserve ; il ne lui suffit pas d'appercevoir qu'il n'y a rien devant lui dans le cas de lui porter ombrage ; il ne s'en rapporte point à sa vue ; il n'est tranquille, il ne continue sa route que quand il l'a éclairée par le sens de l'odorat : telle est sans doute la cause de ses mouvements ondoyants, et de l'allure incertaine et oblique qu'il conserve toujours dans la domesticité. Quoiqu'assuré de la protection de son maître, il n'entre jamais dans un lieu qu'il n'a pas encore pratiqué, sans témoigner de fortes appréhensions : son premier soin est de l'étudier en détail, et d'en aller en quelque sorte tâter toutes les surfaces au moyen de l'odorat.

Cependant on dirait qu'il a quelque peine à percevoir les émanations odorantes des corps; ses efforts pour y réussir sont rendus sensibles par un mouvement continuel de ses naseaux, et par un petit bruit qui imite assez bien le souffle d'un animal haletant et fatigué d'une longue course. Il faut que ce soit pour suppléer à la faiblesse de sa vue qu'il fasse un si grand usage du sens de l'odorat; et comme alors il n'acquiert de notions distinctes des corps que lorsqu'il en est à portée, on ne doit pas s'étonner qu'il vive dans une défiance perpétuelle de tout ce qui l'entoure.

Pour connaître jusqu'où il porte cette défiance, il faut le voir au sortir d'un sillon lorsqu'il se propose d'aller boire dans le Nil. Combien de fois il lui arrive de regarder autour de lui avant de se découvrir! Il rampe alors sur le ventre; il n'a pas fait un pas que, saisi d'effroi, il fuit en marchant à reculons; ce n'est qu'après avoir beaucoup hésité et flairé

tous les corps environnants qu'il se décide, et fait un bond ou pour aller boire
ou pour se jeter sur sa proie.

Un animal d'un caractère aussi timide
devait être susceptible d'éducation, et en
effet on l'apprivoise très-facilement : il
est doux et caressant ; il distingue la voix
de son maître et le suit presque aussi
exactement qu'un Chien ; on peut l'employer à nettoyer une maison de Souris
et de Rats, et on peut être assuré qu'il y
aura réussi en bien peu de temps. Il n'est
jamais en repos, furète sans cesse partout, et s'il a flairé quelque proie au fond
d'un trou, il ne quitte point la partie qu'il
n'ait fait tous ses efforts pour s'en saisir :
il tue sans nécessité ; il se contente alors
de sucer le sang et le cerveau des animaux qu'il a mis à mort ; et quoiqu'une
proie aussi abondante lui soit inutile, il
ne souffre pas qu'on la lui retire ; il a
coutume de se cacher pour prendre ses
repas ; il s'enfuit, avec ce qu'on lui donne, dans l'endroit le plus retiré et le

plus sombre de l'appartement où on le tient; il ne faut pas alors l'approcher, il défend sa proie en grognant et même en mordant.

Ces habitudes lui sont communes avec les grandes espèces carnivores, le Lion, le Tigre etc.; il en a d'autres par lesquelles il ressemble davantage au Chien, comme de lapper en buvant, et de pisser en levant une de ses jambes de derrière; quand il a bu, il renverse son vase de manière à se verser sur le ventre toute l'eau qui y était contenue.

L'Ichneumon se nourrit en Égypte de Rats, de Serpents, d'oiseaux et d'œufs. L'inondation l'obligeant d'abandonner les campagnes, il se réfugie aux environs des villages auxquels il fait un grand tort en se jetant sur les poules et les pigeons : cependant les Égyptiens ne s'effrayent pas beaucoup de ses dévastations, ils se reposent du soin de le détruire sur le Renard et le Chacal que les grandes eaux font aussi déserter les plaines : les Ichneu-

mons jetés au milieu d'ennemis aussi
rusés et réunis sur un terrain fort étroit
leur échappent assez difficilement. A ces
causes qui s'opposent à leur multiplication, s'en joint une de plus à l'égard de
l'Égypte supérieure : ils trouvent, à Gir-
gé et au dessus, dans le Tupinambis,
un ennemi acharné à leur destruction.
C'est un grand Lézard qui vit des mêmes
proies, qui use des mêmes artifices pour
se les procurer, et qui furetant de même
dans les profonds sillons des campagnes,
se trouve sans cesse sur leur chemin ; il
n'est guère plus grand que l'Ichneumon ;
mais comme il est beaucoup plus courageux et surtout plus agile, il en vient
facilement à bout.

L'Ichneumon de son côté s'oppose à
la trop grande multiplication des Crocodiles, en en détruisant les œufs partout
où il en rencontre. Ce n'a jamais pu être
que pour ce service qu'il a été en vénération dans l'antique Égypte ; car il est
faux qu'il attaque les Crocodiles de vive

force : une telle résolution n'est point compatible avec le caractère timide de l'Ichneumon. Ce n'est pas non plus par antipathie qu'il se jète avec tant d'ardeur sur les œufs de ces grands reptiles ; mais parce que les œufs de tous les animaux indistinctement sont la nourriture qu'il recherche de préférence.

Les anciens ont publié sur ses mœurs quelques détails que nous n'avons pas été à portée de vérifier : Pline dit qu'il ne vit pas au-delà de six ans : nous savons qu'il en met deux à prendre son entier accroissement. Strabon et Aristote prétendent qu'on ne le trouve qu'en Égypte : ce dernier parle de sa timidité si grande, qu'il ne combattait jamais de grands Serpents qu'en appelant ses congénères à son secours. Aussi, au dire d'Horus-Apollo, sa figure, dans le langage hiéroglyphique, servait-elle à exprimer un homme faible qui ne peut se passer du secours de ses semblables. Élien dit pourtant que l'Ichneumon se livrait seul à la chasse des Serpents ; mais c'était en usant de toute sorte d'artifices et de précautions. Il se roulait dans la vase qu'il séchait ensuite au soleil, et dans cet équipage de guerre et sous la protection de cette espèce de cuirasse, ainsi que l'appèle Plutarque, il se jète sur les plus grands Serpents, en ayant soin toutefois de préserver son museau par sa queue qu'il repliait tout autour.

L'Ichneumon porte en Égypte le nom de *Nems* ; ce nom n'y a aucune signification, et il pourrait appartenir à l'ancienne langue des Égyptiens, comme celui de *Temsaah* pour le Crocodile, et alors celui des Grecs, *Ichneumon*, qui exprime un animal sans cesse occupé dela découverte de sa proie, pourrait bien n'en être que la traduction. Quant à la dénomination de *Rat de Pharaon*, sous laquelle l'Ichneumon a été aussi connu, il paraît qu'elle lui a été donnée par les européens établis au Caire.

L'Ichneumon a été figuré par un assez

Viverra Ichneumon
1. Ichneumon

grand nombre de voyageurs ou de naturalistes; mais les seules figures originales que je connaisse, qui sont assez exactes, se réduisent à celle de Schreber, tab. 45 B, et à celle que Buffon a publiée sous le nom de grande Mangouste, suppl. 3, tab. 26.

LE MANDRILL.

SIMIA MAIMON, et SIMIA MORMON.

IL serait difficile de se figurer un être plus hideux que le Mandrill, et les formes humaines ne sont nulle part alliées avec celles des brutes de manière à produire un composé plus répugnant. Sous un front étroit sont situés profondément deux petits yeux vifs et dorés, si rapprochés l'un de l'autre, que leur seule position donne à la physionomie un air de fureur; un énorme museau, emblême de toutes les passions brutales, se termine par un aplatissement arrondi d'un rouge de feu, sans cesse sali par une humeur dégoûtante; les joues très-bombées et sillonnées de rides longitudinales, sont d'un bleu changeant en violet livide : un ruban étroit de couleur de sang, couvrant toute la longueur du nez les sépare l'une de l'autre, et achève de faire croire que toute la face est meurtrie ou écorchée. La partie postérieure du corps n'est ni moins extraordinaire, ni moins révoltante. Sous une courte queue sans cesse relevée, est un anus entouré d'un bourrelet écarlate ; de larges fesses nues, que l'animal semble montrer sans cesse avec autant de lasciveté que d'impudence, sont colorées d'un rose vif, nuancé sur les côtés de lilas et de bleu ; les parties génitales enfin sont d'un rouge de feu, d'autant plus tranché, qu'elles sont absolument nues, et qu'elles viènent à la suite d'un abdomen revêtu de poils blancs. Que l'on joigne à tous ces traits un pelage brun et hérissé, surtout autour de la tête, une barbe pointue et d'un jaune clair, des canines aiguës et sortant de la bouche, un corps trapu, des membres musculeux, une taille approchant de celle de l'homme et une force incomparablement plus grande, on aura une idée de cet horrible animal dans son état de plein accroissement, et tel qu'était celui que nous représentons.

Jamais le naturel n'a mieux répondu à

la physionomie ; aucun des moyens qui servent à apprivoiser les autres animaux ne réussissent avec ceux-ci ; ils sont toujours d'une férocité extraordinaire, et c'est d'eux que les gardiens de ménageries ont le plus à craindre ; leurs regards, leurs cris, leurs gestes annoncent en même temps l'impudence la plus brutale, les desirs les plus lubriques, et ils les satisfont par les excès les plus honteux : la nature semble en un mot avoir voulu en faire l'image du vice dans toute sa laideur.

Mais le Mandrill n'a pas à tout âge cet excès de difformité et de malice ; la proportion alongée de sa tête, les saillies de ses joues, ne se prononcent que quand ses canines se développent entièrement ; ce n'est aussi qu'alors que son nez prend cette couleur rouge qui tranche si fort avec le bleu des joues, que ses poils s'alongent et se hérisent, et que son corps grossit au point de le distinguer si fort des autres Singes par ses proportions

trapues : les jeunes Mandrills et les femelles ont le museau plus court et d'un
bleu uniforme; mais comme ces animaux,
ainsi que la plupart de ceux qui nous
viénent de la Zone torride, et notam-
ment le Lion, ont beaucoup de peine à
achever leur dentition dans notre climat,
il est arrivé très-rarement qu'on y ait vu
de vieux mâles, et ceux qu'on a décrits
ont passé pour appartenir à une espèce
différente. Heureusement plusieurs de
ces Mandrills ayant vécu ensemble ou
successivement dans cette ménagerie,
M. Geoffroy est parvenu à suivre assez
leur développement pour s'assurer que
cette différence ne tient qu'à l'âge.
Les observations de ce savant naturaliste, déjà consignées dans l'histoire des
Singes d'Audebert, sont confirmées par
le témoignage de tous les marchands d'a-
nimaux; les Mandrills de l'un et de
l'autre sexe, disent-ils, ont la face toute
noire dans leur première jeunesse; à
deux ans les canines commencent à pots-

ser, et à trois ils prènent du bleu ; ce
n'est qu'à cinq ans qu'il vient du rouge
aux mâles, lorsque leurs canines achè-
vent de prendre leur accroissement ; ces
couleurs vives, qui tiènent à l'abondance
du sang dans les vaisseaux de la peau ;
ainsi qu'il est aisé de s'en appercevoir
lorsqu'on observe cette peau à la loupe,
paraissent donc dépendre originaire-
ment de l'irritation que l'accroissement
des dents produit sur le nerf maxillaire.
Les femelles ne prènent jamais de rouge
décidé ; seulement le bout du nez devient
un peu rougeâtre dans le temps de leur
écoulement périodique. Ce dernier état
leur arrive assez régulièrement chaque
mois et dure quinze jours ; il est accom-
pagné d'un gonflement bien singulier des
parties qui environnent l'anus ; il s'y
forme alors une protubérance inégale,
rouge et comme enflammée, de la grosseur d'une tête d'enfant ou plus forte encore ; en même temps ces femelles répandent beaucoup de sang et quelque-

fois une liqueur blanche : c'est au commencement et à la fin de cet état qu'elles sont le plus portées à l'amour ; les mâles y sont extraordinairement ardents en tout temps et s'épuisent souvent à force d'excès ; leur semence a cela de particulier, qu'à l'instant où elle tombe à terre, elle s'y fige et s'y durcit comme ferait de la cire liquide.

Nous avons déjà eu occasion de parler de l'amour des Singes pour les femmes ; aucune espèce n'en donne des marques plus vives que celle-ci ; l'individu que nous décrivons entrait dans des accès de frénésie à l'aspect de quelques-unes ; mais il s'en fallait bien que toutes eussent le pouvoir de l'exciter à ce point ; on voyait clairement qu'il choisissait celles sur lesquelles il voulait porter son imagination, et il ne manquait pas de donner la préférence aux plus jeunes. Il les distinguait dans la foule ; il les appelait de la voix et du geste, et on ne pouvait douter que, s'il eût été libre, il ne se fût porté à des violences. Ces faits bien constatés, observés par mille témoins éclairés, rendent très-digne de foi tout ce que les voyageurs rapportent sur les dangers que les Négresses courent de la part des grands Singes qui habitent leur pays. On a attribué à l'Orang-Outang, ou plutôt au Chimpansé, plusieurs traits de ce genre, qui appartenaient vraisemblablement au Mandrill. Il est clair par exemple que le Barris de Gassendi est beaucoup plutôt un Mandrill qu'un Chimpansé ; et ce qui paraîtra peut-être singulier, il n'est pas sûr que le nom même de Mandrill n'appartiéne pas en revanche au Chimpansé plutôt qu'à l'animal que nous décrivons aujourd'hui ; il paraît du moins certain, ainsi que l'à déjà observé Audebert, que Smith, dont Buffon a emprunté ce nom, a réellement voulu parler du Chimpansé ; aussi étions-nous presque tentés d'ôter à cet animal-ci le nom de Mandrill, si l'erreur n'avait tellement prévalu, que c'est aujourd'hui celui sous lequel il est

connu de tous les naturalistes dans l'état
où ils le voyent le plus souvent, c'est-à-
dire dans sa jeunesse. C'est dans cet état
que Linnæus le nomme *Simia Maimon*;
il a fait, d'après Alstrœmer, une seconde
espèce du vieux mâle, sous le nom de
Simia Mormon. Buffon parle aussi de
ce vieux mâle, dans son supplément pos-
thume, sous le nom de *Choras*, Pennant
sous celui de *grand Babouin*, et Shaw
sous celui de *Babouin varié*. Il n'y a
dans toutes les figures de ces auteurs, que
celle de Buffon qui soit bonne. La plus
mauvaise, quoique la plus nouvelle, est
celle de Shaw. Pennant pense que la figure donnée par Gessner, et nommée par
celui-ci *Papio*, dont Linnæus a fait son
Simia-Sphinx, n'est autre que notre animal. Cela paraîtrait vrai, si l'on en jugeait
par la queue; mais la tête est plutôt celle
du *Papion* de Buffon, que nous nom-
mons grand Cynocéphale, et dont nous
donnerons aussi une histoire particulière.
La figure d'Audebert, bonne d'ailleurs,

est faite d'après un mâle qui n'était pas encore entièrement adulte.

Voici quelques détails à ajouter à la description qui commence cet article. Le poil du corps est coloré par anneaux de noir et de jaune, d'où résulte un brun verdâtre commun à plusieurs Singes; mais plus foncé dans le Mandrill que dans la plupart des autres. Au-dessus des oreilles est un bandeau blanchâtre, inter-rompu sur le sommet de la tête; la barbe est d'un jaune citron, et les poils des côtés de la bouche d'un blanc sale; la même couleur occupe le bas-ventre. Le reste du dessous du corps est brunâtre. La peau du tour des yeux est d'un violet brun; l'iris des yeux est noisette. Les poils des côtés de la tête se joignent à ceux du sommet pour former une sorte de toupet dont le milieu s'élève quelquefois en aigrette pointue.

L'individu que nous décrivons est mort à douze ans, d'accident; il était dans la plénitude de sa force, ainsi qu'on a pu en juger par la beauté extraordinaire de ses muscles; il avait un peu plus de quatre pieds lorsqu'il se tenait debout. Félix en avait eu un auparavant, de quatre pieds et demi, dont deux hommes ne pouvaient se rendre maîtres.

Ce que l'anatomie du nôtre a présenté de plus remarquable, est la poche membraneuse qui communique avec le larynx, et qui éteint presque la voix. Elle a été bien décrite par Camper et par Viq-d'Azir.

La voix ordinaire de ces animaux est un petit son, *aou, aou* prononcé de la gorge; quand on les irrite, ils râlent un peu de la gorge, mais jamais bien haut; et Buffon a mal saisi le sens de Pennant, lorsqu'il rapporte, d'après ce dernier, que la voix du Choras ressemblait par la force au mugissement du Lion; ce n'est que pour le timbre et le ton.

Ces animaux vivent de fruits, de carottes, de pain; il leur en faut environ deux ou trois livres par jour et une bouteille d'eau. Leurs excréments ressemblent à ceux de l'Homme et son très-fétides ; le mucus des narines coule souvent sur l'applatissement du bout du museau, et ils l'y essuyent avec la main.

Les Mandrills nous viènent tous de la côte d'Or , ou des autres parties de la Guinée: et c'est à tort qu'on a supposé que les individus à nez rouge étaient originaires des Indes. Les anciens ne doivent donc guère les avoir connus ; et en effet , quoique plusieurs modernes ayent cru que c'étaient les Satyres de Pline , d'Elien et de Gallien , il suffit de lire les passages de ces derniers pour s'appercevoir qu'ils ne contiènent rien qui indique plutôt le Mandrill que d'autres grands Singes. M. Lichtenstein rapporte aussi au Mandrill ces vers de Juvénal, sat. X , v. 193 et suiv.

. . . . *Adspice rugas*
Quales, umbriferos ubi pandit tabraca saltus ,
In vetula scalpit jam mater simia bucca.

Mais quoique les rides de cette espèce

Simia { Maimon
        Mormon

le Mandrill

soient plus prononcées, on en trouve
assez dans presque tous les Singes pour
qu'ils ayent pu servir d'objet de comparaison.

LE BUBALE.

ANTILOPE BUBALIS.

Le nom de *Bubalus* désignait, dès le temps d'Aristote, un animal timide. « *Il* » *est des espèces*, dit ce grand natura- » liste, *auxquelles leurs cornes sont* » *quelquefois inutiles, parce qu'elles* » *fuyent les animaux féroces et cou-* » *rageux : tels sont les Chevreuils et* » *les Bubales.* » Cependant les Romains en avaient déjà détourné l'acception. « *Le vulgaire donne ce nom*, dit Pline, » *au Taureau sauvage de la Germa-* » *nie, mais il appartient réellement à* » *un animal d'Afrique, qui ressemble* » *en partie à un Cerf et en partie à* » *un Veau.* » Oppien ajoute encore à cette description un trait qui ne laisse aucune équivoque, c'est celui de la for- me des cornes de cet animal. « *Ses cor-* » *nes longues et droites*, dit-il, *recour-* » *bent leurs pointes du côté du dos.* » Cependant les latinistes modernes ont

appliqué le nom de *Bubalus* au Buffle,
et quoique Gessner eût reconnu qu'il y
avait erreur dans cette application, le
véritable Bubale n'a été bien indiqué
que par Perraut. Le médecin anglais
Caius l'avait cependant assez bien décrit
dans l'ouvrage de Gessner, sous le nom
de *Bœuf-Cerf*, (*Bos-Elaphus*.)

Cet animal appartient au genre des
Antilopes, par la forme de ses cornes,
par le tissu solide des chevilles osseuses
qui les portent, par les sillons obliques
que l'on voit à leur surface, par ses larmiers et par ses jambes de Cerf; mais il
se distingue au premier coup-d'œil des
Gazelles ordinaires, par ses proportions
un peu lourdes, par la hauteur de son
garrot, qui lui donne presque un air
bossu, et surtout par la longueur et la
grosseur de sa tête qui a vraiment quelque ressemblance avec celle d'une Gé-
nisse; aussi Perraut lui a-t-il donné le
nom de *Vache de Barbarie*, et les
Arabes l'appèlent-ils *Bekker-el-wash*,

ce qui signifie *Bœuf sauvage*. Sa taille est un peu supérieure à celle du Cerf; son pelage est entièrement roussâtre, excepté le flocon du bout de la queue qui est noir. Cette queue descend jusqu'à la hauteur du jarret. Les cornes du Bubale ont une courbure précisément opposée à celle des Gazelles ordinaires; dans celles-ci la courbure inférieure est convexe en avant et la supérieure en arrière, de manière que la pointe se redresse; dans le Bubale, au contraire, la courbure inférieure est concave en avant, et la pointe se recourbe vers le dos, comme l'a très-bien observé Oppien. On remarque encore que le Bubale manque de ces touffes de poils qui revêtent les genoux des Gazelles.

Comme Buffon n'avait point de figure du Bubale dans son histoire naturelle, Allamand crut devoir y en ajouter une; mais il donna, au lieu de celle du vrai Bubale, celle d'un animal voisin, nommé *Caama* par les Hottentots, et *Cerf*

du Cap par les Hollandais. Buffon, tout
en publiant ensuite, dans le volume sixième de son supplément, une bonne
figure du vrai Bubale, fit copier aussi
celle d'Allamand sans en distinguer l'espèce, et la regardant même comme plus
exacte que la sienne. Pallas et Gmelin
ont également continué à supposer que
le *Bubale* et le *Caama* étaient le même
animal. Il est cependant vrai qu'ils sont
différents ; nous avons eu occasion de
nous en assurer sur plusieurs peaux et
squélettes de l'un et de l'autre que possède le cabinet. Le *Caama* a la tête plus
longue et plus étroite à proportion que
le *Bubale* ; la courbure de ses cornes en
avant et en arrière est beaucoup plus
prononcée, tandis qu'elles s'écartent
beaucoup moins de côté ; elles sont aussi
plus grandes à proportion, et ont des
anneaux plus nombreux et plus marqués ; leur extrémité est lisse et très-
pointue. Sa couleur est un fauve bai plus
brun sur le dos. Une grande tache noire

entoure la base des cornes. Il y a aussi
une bande noire sur les deux tiers infé-
rieurs du chanfrein ; une ligne étroite
sur le cou, et une bande longitudinale
sur chaque jambe sont de la même couleur, ainsi que le bout de la queue. Ces
différentes marques sont brunes plutôt
que noires dans la femelle du Caama ;
mais elles y sont encore très-distinctes,
tandis que les Bubales de l'un et de l'autre
sexe n'en ont aucune.

On ne sait presque rien de particulier
sur les mœurs de cet animal dans l'état
sauvage ; Shaw dit seulement qu'il marche en troupes ; que ses petits s'apprivoisent aisément et paissent avec les
troupeaux de Bœufs ; qu'il court, s'arrête et se défend comme la Gazelle. La
direction des pointes de ses cornes le
force cependant à adopter une manœuvre
particulière. Lorsqu'il est vivement pressé, il se retourne, se porte avec fureur
contre l'assaillant, en tenant sa tête entre
ses jambes, et la relevant subitement

lorsqu'il est à proximité, il fait d'énormes blessures. C'est au citoyen Geoffroy
que je dois cette observation.

Cet animal appartient à tout le nord
de l'Afrique, et surtout au désert. Il en
vient quelquefois en Égypte boire dans
les mares ou dans les petits canaux d'ar-
rosement; mais ils s'enfuyent à l'approche
de l'Homme. Les anciens le connaissaient
très-bien, et les Français en ont trouvé
plusieurs figures fort reconnaissables
parmi les hiéroglyphes des temples de la
haute Égypte. Les Bubales qu'on a eus
dans les ménageries, étaient assez doux
et mangeaient toutes sortes de substances
végétales. Nous ne pouvons rien dire du
nôtre, parce qu'il a péri presqu'en ar-
rivant, des suites d'une blessure qu'il
avait reçue dans le transport de Versailles au Muséum. On dit du Caama qu'il
est fort commun au Cap où il vit en
grandes troupes; que sa vîtesse est telle
qu'un Cheval ne peut l'atteindre, et que
son cri ressemble à une espèce d'éter-

...nuement; les femelles ne font qu'un petit qu'elles mettent bas en septembre et
quelquefois en avril. Les colons éloignés
de la ville en font sécher la chair pour
la manger.

On ne sait point quelles sont les limites assignées par la nature à chacune
de ces deux espèces, ni si elles habitent
en commun quelqu'une des contrées intermédiaires entre le Cap et la Barbarie.
Forster, et après lui Buffon, avaient
pensé que le *Coba* ou grande Vache
brune du Sénégal, était le même que le
Bubale. Gmelin rapporte ce *Coba* à l'Antilope pourpre, *Antilope pygarga*, et
Pennant donne une figure de la tête du
Caama pour celle du *Coba*. Ces auteurs
se sont tous trompés. Le Coba est une
espèce bien distincte des trois autres;
mais que l'on ne connaît que par ses
cornes figurées dans Buffon, *tom.* XII,
pl. 32, *fig.* 2. Elles existent encore au
Muséum, et la comparaison que nous en
avons faite avec celles de tous les ani-

Antilope Bubalis   le Bubale

maux ci-dessus, ne laisse aucun doute à cet égard.

Il n'y a encore que deux figures du Bubale, celle de Perraut et celle de Buffon, assez ressemblantes l'une et l'autre, quoique l'élévation dés épaules n'y soit pas assez marquée. La figure de Seba, *pl.* 42 du *tom.* premier, *fig.* 4, qu'on rapporte ordinairement au Bubale, appartient au Caama.

FIN.

TABLE DES SUJETS

CONTENUS DANS LE PREMIER VOLUME.

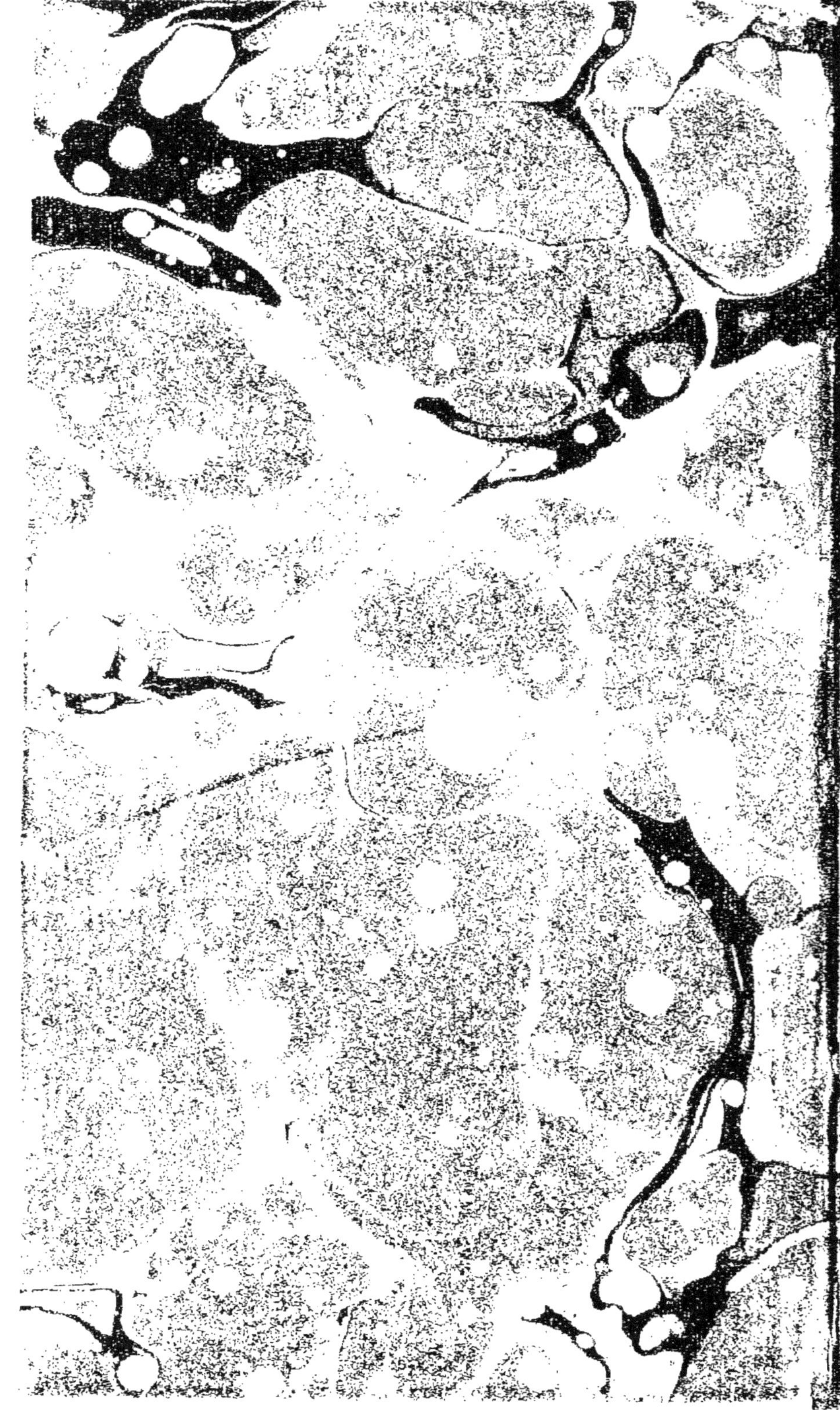